基于R46的电能计量
检测技术

贵州电网有限责任公司电力科学研究院 组编

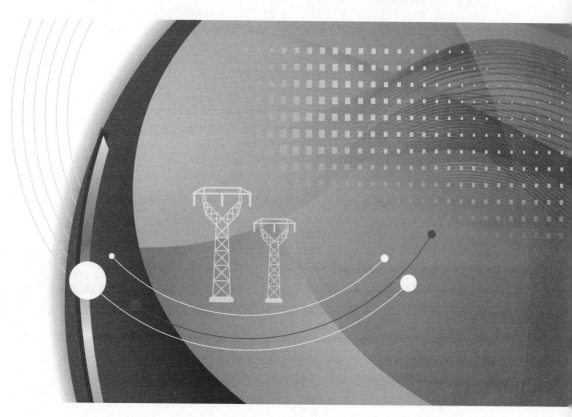

中国电力出版社

CHINA ELECTRIC POWER PRESS

内 容 提 要

针对国际法制计量组织（International Organization of Legal Metrology，OIML）发布的 R46 国际建议，本书在分析 R46 国际建议与现有计量标准异同的基础上，介绍了基于 R46 的电能计量检测技术，涵盖了电能计量基础及装置，数字化电能计量理论，OIML R46 国际建议，基于 R46 的电能表误差评定方法，基于 R46 的电能表检定装置及电能计量的发展与展望。目的是为进一步深入研究电能表综合误差提供理论支持，同时也可为国家电能表检定技术规范的制定、提升与完善提供技术支撑，也可进一步促进电能计量行业的技术水平，为确保电能表计量准确性和运行可靠性奠定基础。

本书可供从事电能计量检定、电能计量专业技术人员、一线工作人员学习参考。

图书在版编目（CIP）数据

基于 R46 的电能计量检测技术/贵州电网有限责任公司电力科学研究院组编 . —北京：中国电力出版社，2020.7
ISBN 978-7-5198-4526-1

Ⅰ . ①基… Ⅱ . ①贵… Ⅲ . ①电度表－电能计量－计量检测 Ⅳ . ①TM933.4

中国版本图书馆 CIP 数据核字（2020）第 060327 号

出版发行：中国电力出版社
地　　址：北京市东城区北京站西街 19 号（邮政编码 100005）
网　　址：http://www.cepp.sgcc.com.cn
责任编辑：刘丽平　匡　野
责任校对：黄　蓓　常燕昆
装帧设计：张俊霞
责任印制：石　雷

印　　刷：三河市万龙印装有限公司
版　　次：2020 年 7 月第一版
印　　次：2020 年 7 月北京第一次印刷
开　　本：710 毫米×1000 毫米　16 开本
印　　张：7.25
字　　数：128 千字
定　　价：50.00 元

编　委　会

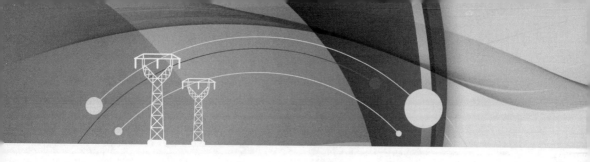

前　言

随着国家对智能电网建设的日益重视，我国的智能电网建设已进入全面发展阶段。电能计量作为智能电网的重要评估部分之一，国家有关技术部门对电能计量的准确性提出了更高的要求。电能表作为计量电能的终端设备，同时也是电网系统中经济核算、电网运行状态考核的重要手段，其计量精度将直接影响电力供需双方的社会效益和经济效益以及电力部门营业计费是否公正合理。考虑到现有的电能表检定规程仅考虑某单一影响量单独作用在电能表上时的计量误差、相关谐波实验不能准确描述谐波对电能计量影响等不足之处，国际法制计量组织（International Organization of Legal Metrology，OIML）发布了 R46 国际建议，规定了其计量要求、技术要求、管理要求，以及检定方法、检定设备和误差处理等，目的是为了确保电能表计量的准确可靠。本书在分析 R46 国际建议与现有计量标准的异同的基础上，介绍了基于 R46 的电能计量检测技术。

本书共六章，主要介绍了电能计量基础及装置，数字化电能计量理论，OIML R46 国际建议，基于 R46 的电能表误差评定方法，基于 R46 的电能表检定装置及电能计量的发展与展望。

本书可以为进一步深入研究电能表综合误差提供理论支持，同时也可为国家电能表检定技术规范的制定、提升与完善提供技术支撑，也可进一步促进电能计量行业的技术水平，为确保电能表计量准确性和运行可靠性奠定基础。

本书可供从事电能计量检定、电能计量专业技术人员、一线工作人员学习参考。

编　者

2020 年 4 月

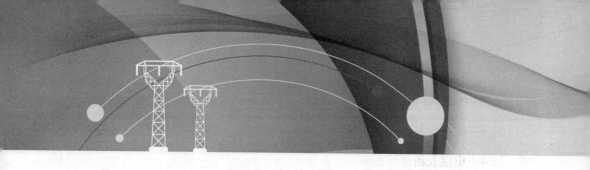

目　　录

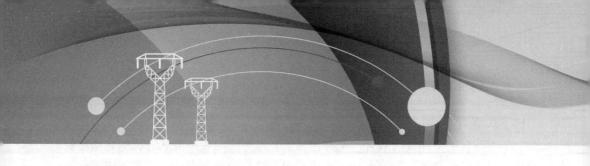

第1章 绪　　论

1.1　电能计量基础

1.1.1　电能计量的定义

电能计量装置是用于测量和记录发电量、厂用电量、供电量、线损电量和客户用电量的电能计量器具及其辅助设备的总称。电能计量装置包括各种类型电能表，计量用电压，电流互感器及其二次回路，电能计量柜（箱），电能计量集抄设备等。

电能计量是电力生产、销售以及电网安全运行的重要环节。电能计量的准确性是确保电能贸易结算公平、公正和准确的关键，与电力企业、用电单位或个人经济利益息息相关[1]。三相计量回路分为三相三线制和三相四线制两种，在三相四线回路中，只要接到电能表同一元件上的电压和电流属于同一相，就能准确计量有功电量，因此对电压相序的要求相对不高。但在经电流互感器、电压互感器接入的三相三线计量回路中，在电流回路接入正确的情况下，不同电压相序的接入电能表，对计量功率的准确计量影响很大。三相三线回路的接线复杂，容易出现接线错误。当发生错误接线后，电能表可能会出现快转、慢转，甚至反转、停转的情况，有时还会随负载特性和功率因数的变化而变化，正转和反转交替变换。

1.1.2　电能计量现状

现行的电能计量方案是在发电机、网络交换关口处安装电能计量装置。电力系统中关口是指厂网之间、区域性电网之间电力设备资产和经营管理范围的分界处。关口电能计量装置是衡量关口分界处电能量的流向及其大小的装置，它记录的电能量作为技术经济指标统计、核算的基础数据，是保证电力市场能否正常运行的关键[2]。

电能计量装置包括对有功电能、无功电能等进行计量。电能计量装置包括：电能表、互感器、二次回路等设备，其中电能表最为重要，主要分为有感应式和电子式两类[3]。

感应式的电能计量装置（又称机械表）是利用电磁感应式的机械运动测量机构，且有结构简单、价格低廉、牢固耐用、停电数据不丢失、维修方便等优点，目前仍在使用。不过在实际应用中，感应式电能计量装置的不足逐渐被暴露出来，因为它的制造工艺复杂，对材料的选择要求非常高，防窃电能力差，准确度比较低，灵敏度不高，适应的频率范围窄，功能单一，因此不能满足现代社会对自动化管理的要求，已经被电子式电能计量装置逐步取代。

电子式电能计量装置不再使用电磁感应原理，而是通过乘法器来计算功率，具体方法是将输入的电流与电压信号转换成与功率成一定比例的电脉冲信号，送入分频器分频后，在一段时间内计取电脉冲数。相对于感应式电能计量装置来说，它的准确度高，功耗较小，防窃电能力有了很大的提高，并且能够做到多功能计量。不过它对于工作环境、谐波等外界因素比较敏感，造价相对来说会比较高。电子式电能计量装置的乘法器可分为模拟型和数字型两种，目前多以数字型乘法器为主。数字型乘法器的电路主要由 MCU、模数转换器、采样保持器、多路模拟开关等部分构成。设计这种电路的硬件部分时需要的元器件较多、体积也较大，并且相应的软件设计也十分复杂。

国内电能计量设备主要包括：标准电能表、运行电能计量装置、电能表检定装置。

标准电能表是一种用于测量电能量的设备，通常被设计并工作在一个受控的实验室环境中以获得最高准确度和稳定度。随着高精度电能计量设备的投入应用，标准电能表也需向着多功能方向发展。

运行电能计量装置主要有计费、考核、交易等用途，根据不同需求可以合理配置同样的计量装置，利用其不同功能实现所需要达到的目的。目前国内主要运行计量装置为智能、自动化设备，可以实现远程监控、采集数据，部分偏远地区、西部发展较慢，存在一定的差异。

国内电能表检定装置从电工式检定装置发展到电子式检定装置正在向全自动化（集控型、流水线型）发展。随着电能计量工作的日益发展，大批量的电能表需求也在与日俱增，电能表检定模式也在不断变革，集控型、流水线型检定方式应运而出，实现了电能表自动化检定作业。

电力系统的发展对电能计量提出了更高的要求。"智能化"在电能计量领域已呼之欲出。智能化技术在电能计量领域主要体现在以下两个方面：

（1）电能计量系统智能化。

智能电能计量系统是一个全新的系统，是"智能电网"中的重要组成部分，将为实现"智能电网"的自动化、信息化、互动化和智能化提供强有力的测量、控制支撑。依据强大的数字化信息网络以及智能分析指挥系统，它可以进一步加强自我防护能力，保障系统信息的安全。

智能电能量计量系统集成了电能计量、现代数字通信、电力营销、计算机系统及电力负荷管理各方面的信息采集与分析技术，由信息分析处理中心、高速通信网络、智能互感器以及智能电能表等部分组成。通过光纤专网、GPRS/CDMA、低压电力载波等通信载体进行系统主站和现场终端之间的数据通信，主要功能包括采集数据、监测电能质量、用电异常信息报警、管理负荷监控、远程抄表。系统架构包括应用分析层、数据处理层以及前置机通信层，为了便于后续的系统维护，最大程度地加强各层之间的独立性，降低功能模块的耦合程度。

（2）电能计量管理智能化[4]。

智能电能计量系统依赖于庞大的数据网络，需要从各个计量节点提取信息，据此制定或者改进管理策略，促进各发电厂、各变电站、输电线路以及配变台区之间的密切合作，从而为用户提供更加良好的用户服务。通过信息网络，用户可以了解到最新的用电信息，并对生活工作中的用户方案加以及时调整，管理方也可以根据用户的建议和需求，适当调整供电管理策略，从真正意义上实现发电、供电、用电三方的良好配合，促进电网运行的安全、稳定[5]。利用计算机实现对计量器具购置计划、校验计划、出入库信息、资产状态跟踪、标准设备管理和数据信息存储等所有信息的自动化、智能化管理[6-8]。

1.1.3　误差

电能计量装置属于大类，包括所有可以测量电能的装置，但是电能表在中国通常用于测量电能。在大多数电能计量设备中，认为电能表、电压互感器和二次电路等电路或仪器会对测量结果产生影响[9]。严重地，测量结果与实际消耗的能量数据不匹配。电能表产生的误差主要包括制造过程引起的两种误差和电能表负载产生的误差。电能表生产过程中的生产技术水平以及电能表生产中所用材料的质量都会影响电能表的产品质量，电能表的产品质量对电能表的准确性和稳定性具有很大影响。电能表的负载也对电能表测量的准确性有很大的影响。当电能表负载低时，电能表测量产生的误差远大于电能表满载时产生的误差。

除了电能表造成的误差外，电压互感器的次级电压降也会产生误差。在电压互感器的次级电路中，电压降的大小变化远超过电压互感器本身可以承受的范围，电压互感器的二次回路的导线路程过长或者是电压端子接口的线接触不良都会导致误差的产生。电压互感器的电压压降不符合规定的二次负荷压降幅度就会产生误差。引起压降超范围的可能原因是二次回路的导线线程不符合相关标准，需要将二次回路一定的范围内的导线的横截面面积增加，以此来减小电压互感器由电压压降而引起的误差[10]。

如今，还有几种特殊功用的新型电能表和互感器。目前，电网中各计量点电量的结算是以计量点在线电能表的读数为依据来进行统计的，而对各计量点电量的追补则是根据对该计量点电能计量装置的综合误差进行考核后最终确定的。以前通常采用人工方法对综合误差进行计算、更正并对计量点的电量进行追补，这样不仅工作繁琐而且得到的计算结果与实际结果并不相符，两者存在着较大的误差。

1.1.4　量值传递和溯源

随着电能计量技术的发展，目前的电能表的精度已经达到千分之一。省级电能计量标准的精度普遍达到千分之二，有的达到千分之一。为了确保数量转移的准确性，在数量转移中，上级标准要求至少比下级标准高两个级别。

因此，门式电能表可以满足省级电能计量标准。省级电能计量标准的量值传递要求公司最高电能计量标准至少应到达十万分之五，甚至十万分之二的水平。但是，目前中国最高的电能计量标准只能达到这一水平的千分之一。此时，最高测量标准的准确性限制了能量测量级别。

能量测量标准包括各种设备，例如电流互感器、模数转换器、电阻器、电容器等。它是一个复杂的系统。对这些设备的任何干扰都会降低标准电能表的精度。影响标准电表测量精度的主要因素包括工频磁场、谐波、恒定磁场、功率因数、温度和湿度等。当前的大多数研究都集中在计量方法的测量上，以及谐波和其他能源计量。在错误分析方面没有取得重大进展。

根据 JJF 1001—2011《通用计量术语及定义》中给出的定义通过一条具有规定不确定度的不间断的比较链，使测量结果的值能够与规定的参考标准（通常是国家计量基准或国际计量基准）联系起来的特性，称为量值溯源，量值溯源体系就是这条有规定不确定度的不间断比较链。

量值溯源等级图也称为量值溯源体系表，是表明测量仪器的计量特性与给定量的计量基准之间关系的一种代表等级顺序的框图。它对给定量及其测量仪器所用的比较链进行量化说明，以此作为量值溯源性的证据，校准和检定是实现量值溯源的最主要的技术手段。

1.2　电 能 计 量 装 置

根据 DL/T 448—2016，运行中的电能计量装置按计量对象和管理需要分为五类（Ⅰ、Ⅱ、Ⅲ、Ⅳ、Ⅴ）。分类细则及要求如下：

（1）Ⅰ类电能计量装置。

220kV 及以上贸易结算用电能计量装置，500kV 及以上考核用电能计量装置，计量单机容量 300MW 及以上发电机发电量的电能计量装置。

（2）Ⅱ类电能计量装置。

110（66）～220kV 贸易结算用电能计量装置，220～500kV 考核用电能计量装置。计量单机容量 100～300MW 发电机发电量的电能计量装置。

（3）Ⅲ类电能计量装置。

10～110（66）kV 贸易结算用电能计量装置，10～220kV 考核用电能计量装置。计量单机容量 100MW 以下发电机发电量、发电企业厂（站）用电量的电能计量装置。

（4）Ⅳ类电能计量装置。

380V～10kV 电能计量装置。

（5）Ⅴ类电能计量装置。

220V 单相电能计量装置。

上述各类别配置要求应不低于表 1.1 所示值。电能计量装置中电压互感器二次回路电压降应不大于其额定二次电压的 0.2%。

表 1.1　　　　　　　　　　准 确 度 等 级

电能计量装置类别	准确度等级			
	电能表		电力互感器	
	有功	无功	电压互感器	电流互感器
Ⅰ	0.2S	2.0	0.2	0.2S
Ⅱ	0.5S	2.0	0.2	0.2S
Ⅲ	0.5S	2.0	0.5	0.5S
Ⅳ	1.0	3.0	0.5	0.5S

续表

电能计量装置类别	准确度等级			
	电能表		电力互感器	
	有功	无功	电压互感器	电流互感器
V	2.0	—	—	0.5S

注　发电机出口可选用非 S 级电流互感器。

1.2.2　电能表

电能表是用来测量电能的仪表，指测量各种电学量的仪表。

我国电能表的生产始于 20 世纪 50 年代初，经过几十年的努力，电能测量技术和仪表的开发生产得到了飞速发展。各种类型的电能表在品种和质量上得到了扩展与提高，为满足推行峰谷电价制的需要，开发与生产了各种复费率电能表；为满足一户一表制的需要，开发了 IC 卡预付费表；为防窃电，开发了防窃电能表；为满足用电营业管理的需求，开发了多功能电能表、电能管理系统；为满足负荷监控的需要，开发了无线电力负荷监控系统；为实现抄表自动化、远程化，开发了远程自动化抄表系统，不仅供给国内，还远销国外[12]。

各种类型的电能表分类如下：

（1）按其使用的电路可分为直流电能表和交流电能表。交流电能表按其相线又可分为单相电能表、三相三线电能表和三相四线电能表。

（2）按其工作原理可分为电气机械式电能表和电子式电能表（又称静止式电能表、固态式电能表）[13]。电气机械式电能表用于交流电路作为普通的电能测量仪表，其中最常用的是感应型电能表。电子式电能表可分为全电子式电能表和机电式电能表。

（3）按其结构可分为整体式电能表和分体式电能表。

（4）按其用途可分为有功电能表、无功电能表、最大需量表、标准电能表、复费率分时电能表、预付费电能表、损耗电能表和多功能电能表等。

（5）按其准确度等级可分为普通安装式电能表（0.2、0.5、1.0、2.0、3.0 级）和携带式精密级电能表（0.01、0.02、0.05、0.1、0.2 级）。

每只电能表在表盘上都有一块铭牌，各国电能表的标识有所不同，我国电能表各项主要标志的含义如下：

（1）电能表的名称及型号。如表 1.2 所示，类别+组别代号+设计序号+派生号。

表1.2　　　　　　　　　　　　　　　电 能 表 型 号 表 示

类别代号	组别代号	设计序号	派生号
D－电能表	D－单相	862，95，68 等	T－湿热、干燥两用
	S－三相三线		TH－温热带用
	T－三相四线		TA－干热带用
	X－无功		G－高原用
	B－标准		H－船用
	F－复费率		F－化工防腐用

（2）电能计量单位。有功电能表为 kWh；无功电能表为 kvarh。

（3）字轮式计度器的窗口。整数位和小数位用不同的颜色区分，中间有小数点；若无小数位，窗口各字轮均有被乘系数，如 100，10，1 等。

（4）准确度等级。以相对误差来表示准确度等级，如用 CL.0.5 表示电能表的准确度等级是 0.5 级，即允许误差在正负 5%以内。

（5）基本电流和额定最大电流。作为计算负载的基数电流值叫基本电流，用 I_b 表示；能长期工作，而且误差与温升完全满足技术条件的最大电流值叫额定最大电流，用 I_m 表示。如 DS8 型三相电能表铭牌标明"3×5（20）A"时，表明基本电流为 5A，额定最大电流为 20A。

（6）额定电压。三相电能表额定电压的标注有三种方法：

1）直接接入式三相三线，标注"3×380V"，表示三相，额定线电压为 380V；

2）直接接入式三相四线，标注"3×380/220V"，表示三相，额定线电压为 380V，额定相电压为 220V；

3）间接接入式，标注" $3\dfrac{6000}{100}$ V"，表示经电压互感器接入式的电能表，用电压互感器的额定变化形式来标注，电能表的额定电压为 100V。

（7）电能表常数。表示电能表记录的电能和转盘转数或脉冲数之间的比例数。有功电能表以 Wh/r 或 r/kWh 表示，如 A=1200r/kWh。

（8）额定频率：50Hz。

关于安装，电能表需要安装在电能计量柜（屏）上，每一回路的有功和无功电能表应垂直排列或者水平排列，无功电能表应在有功电能表的下方或右方[14]，电能表的下端位置应标有用户名称，并由标签固定。两个三相电表上下间隔（距离）应小于 10cm，单相电表之间的距离应小于 5cm，电能表与屏柜周边的距离不应小于 8cm。对于室内电能表安装时，应该在距离地面 0.8～1.8m 的高度安装，而电能表必须垂直且牢固。中心线的倾斜度不应超过±1°。

1.2.3　互感器

互感器又称为仪用变压器，是电流互感器和电压互感器的统称[2]。其功能主要是将高电压或大电流按比例变换成标准低电压（100V）或标准小电流（5A 或 1A，均指额定值）[15, 16]，以便实现测量仪表、保护设备及自动控制设备的标准化、小型化[17]。同时，互感器还可用来隔开高电压系统，以保证人身和设备的安全[18]。

互感器的发展也是由电磁式过渡到电子式的。长期以来，电磁式电流互感器和电压互感器在继电保护和电流测量中一直占据主导地位[19]，但是随着超高压输电网络的迅速扩展和供用电容量的不断增长，传统的电磁式互感器已经难以适应这种变化，因为与这种系统相匹配的电磁式互感器不仅体积与质量增大、价格上升，而且防爆困难、安全系数下降；更主要的是它带有铁心结构且频带很窄，在磁饱和时二次信号波形易发生畸变从而导致继电器误动作和计量失准；另外，现阶段继电保护和测量装置已日趋微机化，不再需要高功率输出的电磁式互感器。

电容式电压互感器以价格低廉、组装方便的特点而被电力设计部门广泛选用[20]。但这种电压互感器的原理和结构使其对准确度测试条件的要求十分严格，如果电力部门不具备型式试验条件，那么所测得的结果必然是不准确的，这将导致竣工验收工作只是流于形式。另外，我国对 110kV 及以上电压等级的电容式电压互感器的现场检验设备与测试方法还处在探索试用阶段，目前电力部门还难以对在线运行的电容式电压互感器的质量及其计量误差变化情况进行考核。因此，目前国产电容式电压互感器只能用于供电量计量，不宜用于售电量计量。

采用霍尔元件并配合适当电路后，使互感器的体积缩小、精度提高，因此在电流、电压的测量中得到广泛应用。但由于这种互感器带有铁心结构，因此仍存在电磁式互感器类似的问题。

随着光电子技术的迅猛发展，一种结构简单、线性度良好、性价比高、输出范围广且易以数字量输出的无铁心式新型互感器——电子式互感器应运而生。光电式电压互感器（OTV）。它基于 Pockels 电光效应，由光学电压传感头与相应的电子测量电路组合而成。光电式电流互感器（OTA）。它基于 Faraday 磁光效应，由光学电流传感头与相应的电子测量电路组合而成[21]。

国外于 20 世纪 60 年代初，我国从 20 世纪 80 年代开始研制光电式电压互感器和电流互感器，现今均部分挂网试运行。

各种类型的互感器可按如下分类：

（1）按互感器功能分：电流互感器和电压互感器。

（2）按互感器工作原理分：电磁式、电容式、光电式三种互感器。

（3）按测量对象分：单相、三相等。

（4）按用途分：计量用、测量用、保护用互感器。

（5）按互感器绝缘结构分：干式、固体浇注式和油浸式，以及气体绝缘式互感器。

1.2.4　二次回路

二次回路是在电气系统中由互感器的次级绕组、测量监视仪器、继电器、自动装置等通过控制电缆联成的电路。用以控制、保护、调节、测量和监视一次回路中各参数和各元件的工作状况，监视测量表计、控制操作信号、继电保护和自动装置等所组成的电气连接回路。

二次回路由以下六个部分组成。

（1）控制回路。由控制开关和控制对象（断路器、隔离开关）的传送机构及执行（或操作）机构组成，其作用是对一次开关设备进行“跳”“合”闸操作。控制回路按自动化程度可分为手动控制和自动控制两种，按控制距离可分为就地控制和距离控制两种，按操作电源性质可分为直流操作和交流操作两种，按操作电源电压和电流的大小可分为强控制和弱电控制两种。

（2）信号回路。由信号发送机构、传送机构和信号器具构成，其作用是反映一、二次设备的工作状态。信号回路按信号性质可分为事故信号、预告信号、指挥信号、位置信号、继电保护及操作型自动装置回路等。信号回路按信号显示方式可分为灯光信号和音响信号两种。信号回路按信号的复归方式可分为手动复归和自动复归两种。

（3）测量回路。由各种测量仪表及相关回路组成，其作用是指示或记录一次设备的运行参数，以便运行人员掌握一次设备运行情况。它是分析电能质量、计算经济指标、了解系统潮流和主设备运行工况的主要依据。

（4）调节回路。调节回路通常指调节型自动装置。它是由测量机构、传送机构、调节器和执行机构组成的，其作用是根据一次设备运行参数的变化，实时在线调节一次设备的工作状态，以满足相关运行要求。

（5）继电保护及操作型自动装置回路。是由测量机构、传送机构、执行机构及继电保护和自动装置组成的。其作用是自动判别一次设备的运行状态，在系统发生故障或异常运行时，自动跳开断路器，切除故障或发出异常运行信号，故障或异常运行状态消失后，快速投入断路器，恢复系统正常运行。

（6）操作电源系统。由电源设备和供电网络组成，包括直流电源和交流电源系统。其作用是供给上述各回路工作电源。发电厂和变电站的操作电源多采用直流电源系统（简称直流系统），部分小型变电站也可采用交流电源或整流电源（如硅整流电容储能或电源变换式直流系统）。

1.2.5　电能表的配置与管理措施

（1）为了保证电能计量装置能够准确地测量电能，必须按照有关规程，合理选择电能表的型号、电压等级、基本电流、最大额定电流以及准确度等级[22, 23]。由于电子技术的飞速发展，当前全电子式电能表的功能已日趋完善，其误差基本呈线性且较为稳定。一只多功能电能表可同时具有正向有功、反向有功、正向无功、反向无功 4 种电能计量功能和脉冲输出、失压记录等辅助功能，且过载能力强、功耗小[24-29]。因此应优先选择高精度、稳定性好的多功能电能表[30]。

（2）采用正确的计量方式，减少计量误差[31]。由于三相负载不平衡，中性点普遍有电流存在。所以，三相三线电能表缺少中性电流所消耗的功率，用三相三线电能表测量三相四线电能将引起附加误差[32]。对接入中性点绝缘系统的电能计量装置，应采用三相三线制电能表，其 2 台电流互感器二次绕组与电能表之间宜采用四线连线；对于接入非中性点绝缘系统的电能计量装置，应采用三相四线制电能表，其 3 台电流互感器二次绕组与电能表之间宜采用六线连线[33-36]。如采用四线连接，若公共线断开或一相电流互感器极性相反会影响计量，且在进行现场检验中采用单相法测试时，由于每相电流互感器二次负载电流与实际负载电流不一致，将给测试工作带来困难，且造成测量误差[37, 38]。

（3）在实际运行中，若用户的负荷电流变化幅度较大或实际电流经常小于电流互感器额定一次电流的 30%，长期运行较低载负载，会造成计量误差。为提高计量的准确性，应选用过载 4 倍及以上的宽负载电能表，特别是轻负载、季节性负载以及有冲击性负载的重要计量点就更需要配置宽负载的 S 级电能表。

1.2.6　电流互感器的选用

（1）根据电流、电压互感器的误差，合理选型，使互感器合成误差尽可能小。

配对原则是尽可能使配用电流互感器和电压互感器的比差符号相反，大小相等；角差符号相同，大小相等。

（2）合理选择电流互感器变比。由于一次电流通过电流互感器一次绕组时，要使二次绕组产生感应电动势，必须消耗一部分电流 I_0 来励磁，使铁心产生磁通。电流互感器的误差就是由铁心所消耗的励磁安匝数引起的。

（3）电流互感器二次容量的选择。接入电流互感器的二次负荷包括电能表电流线圈阻抗、外接导线电阻、接触电阻。所以，在选择电流互感器时，应从上述3 方面考虑二次容量大小，通过选用电流回路负荷阻抗较小的表计，如用电子式电能表来满足二次容量的要求。还可利用降低外接导线电阻的方法，如电流互感器二次回路导线阻抗是二次负荷阻抗的一部分，尤其在大型发电厂及变电所则是其主要部分，它直接影响电流互感器的准确性。因此，当二次回路连接导线的长度一定时，应当增加截面积，其截面积应按电流互感器的额定二次负荷计算确定，一般应不小于 $4mm^2$。

1.2.7　电压互感器的选用

（1）电压互感器二次回路导线截面的选择。一般要增加截面积或缩短导线长度。电压互感器的负载电流通过二次连接导线及串接点的接触电阻时会产生电压降，那么加在电能表上的电压就不等于电压互感器二次绕组的端电压，这将造成电能表端电压对于二次绕组端电压的幅值和相位上的变化，由此产生电能的测量误差。一般用加大导线截面或缩短导线长度来减小电压互感器二次回路电压降。当二次回路导线长度一定时，其截面积应按允许的电压降计算确定，通常电压二次回路的导线截面积应不小于 $2.5mm^2$。

（2）采用专用的计量二次回路，不与保护和测量同回路，去除干扰。需要特别指出的是，在三相四线制或 V 相接地的三相三线制系统中的计量用电压互感器二次回路，应注意计量与保护用的零线彻底分离。如果共用或接法混乱，将造成两者在零线之间产生环流，致使电能表侧的中性点电位发生位移，从而导致电压降的增大且不稳定。

（3）对 35kV 以上的计费用电压互感器二次回路，应不装设隔离开关辅助触点，但可装设熔断器；对 35kV 及以下的计费用电压互感器二次回路，应不装设隔离开关辅助触点和熔断器。二次回路装有熔断器时，还必须认真解决熔断器的选型问题。在实际运行中，熔断器两端的电压降一般应控制在 10mV 以内。

（4）尽量采用全电子式多功能电能表，减少表计使用数量，也是减轻二次负荷阻抗，降低电压互感器二次回路电压降的有效途径。

1.3 数字化电能计量

数字化电能表采用遵循 IEC 61850 原则的数字接口，由于采用的是高速光纤以太网，可以和电子式互感器良好连接。底层为嵌入式实时操作系统，由于该系统具有卓越的可靠性和实时性，电能表的各项功能可以很方便地实现。

数字化电能表工作框图见图 1.1。数字电流电压信号从光纤以太网传入，表内CPU 对传入的信号进行实时处理，实时输出保存处理后的各类数据。

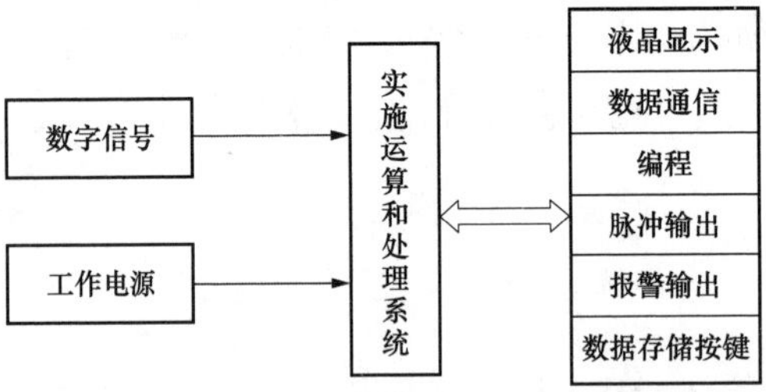

数字化电能表是双冗余供电方式，电源电路与计量电压回路相互独立，这种方式大大减小了在测量过程中表计功耗对计量准确性的影响。电源供电有 3 种方式：直流 24V、交流110V 和 220V，平均功耗最大为 3W，最大功率不得超过 5W。受系统结构

图 1.1 数字化电能表工作框图

的影响，数字化电能表需要一个数据模型，该模型的文件系统为 MMS 接口，一次只能运行一个文件，上电启动需要时间，理论上计量的准确度不受上电启动时间的影响，但启动时间会影响电能表的显示与通信。

电子式互感器输出的数据包输入数字化电能表，这种传输方式传输数据快、稳定性强、接线简单。由于输入电能表的是数字信号，有效避免了导线的二次回路损耗对计量准确性的影响，省去了二次压降、二次负荷测量等测量精度修正试验。

1.4 特殊电能计量

1.4.1 谐波电能计量

在电力系统中，存在一些非线性特性的电气设备和负荷，即加在这些负荷两端的电压与形成的电流不成正比，这样的非线性关系使波形产生畸变，谐波因此

产生。

每个电能表都存在一定的计数误差，它是显示的电能值与实际消耗电能值之间的相对误差。感应式电能表对外部要求很高，它要求电压、电流的波形必须是正弦波，且必须是工频附近很窄的频率范围，只有同时满足这两个条件，它的工作性能才能达到最佳。通过大量研究可知，当谐波分量存在于负荷端的电压或电流中，这时用感应式电能表测量得到的数据，其准确度会大大降低。这时因为，如果存在谐波分量，就算基波电压、电流保持不变，电能表电压线圈和转盘的阻抗都会受到谐波影响而发生变化，这种变化又会影响电压和电流的工作磁通，最终对电能表的计量精度产生影响。另外，如果存在谐波电压和谐波电流，那么由基波和谐波叠加形成的电压和电流的波形就会产生畸变，但由于其对应铁心磁导率的特性是非线性的，所以磁通的改变也是非线性的。由电路原理可知，要产生平均功率，相互作用的电压与电流必须是相同频率的；同样，要想产生转矩，根据电磁感应式电能表的工作原理，必须是相同频率的电压、电流产生的磁通相互作用。如果波形已经产生畸变，那么经过电磁组件后，由于磁通的变化不能与波形相对应，这种不对应关系使得转矩不能正比于平均功率，从而产生附加误差。如果波形不同，那么电子式电能表的计量误差也会不同。大量研究表明，用于计算功率的电压和电流，如果仅仅是其中的一个波形发生畸变，那么电能表的计量误差很小，可以忽略不计；但如果两个波形同时发生畸变，只能采用数字乘法器型电子式电能表，只有这个型号的电能表可以满足精度要求。

电子式电能表得到的电压、电流值是通过互感器测得的，因此，电能表的测量准确度与互感器的准确度息息相关互感器变化后波形的非线性程度与通过互感器的谐波次数成正比。互感器的测量精度越高，对于一定的电压和电流，频率特性也会更好，幅值和相位差也都能达到要求。对于幅值不到 1kV 的谐波，最好采用电阻分压这类的互感器。因为纯电容分压器很容易在对地电压上产生误差，而电阻互感器不受频率影响，对谐波电能的计量的准确度就会高于其他类型的互感器；但是电容式电压互感器（CVT）存在内部电感，电磁式电压互感器存在内部等值电感，并且这个等值电感的大小随运行电压和频率的变化而变化，这个变化的等值电感使得 CTV 在不同频率下的电压比差别很大。除此之外，在某些频率下，CTV 特别容易产生谐振，因此，谐波计量绝对不能采用 CTV。

在谐波情况下，可以选择谐波表来分别测量正向和反向基本能量以及正向和反向谐波能量。谐波表硬件架构如图 1.2 所示。谐波表使用高精度的模数转换芯片，并该芯片和 DSP 通过高速同步信号接口连接。电压和电流数据被实时收集到

DSP 中。高速运行的 DSP 是一个信号处理单元，可以执行诸如全波，基波和谐波之类的计算。全波电能计量是通过经典的有功和无功电能计量算法来计算收集到的数据。基波电能计量是采用有限冲激响应，对全波进行滤波后得到基波电能，从而实现对基波电能的计算。谐波能量计量使用快速傅里叶变换，获得电压和电流的有效值和相位值，并找到这两个值之间的夹角，从而可以获得总谐波功率、每个谐波的功率和电能。 ARM 控制电表的整体操作，并从 DSP 芯片实时获取数据结果[39]。

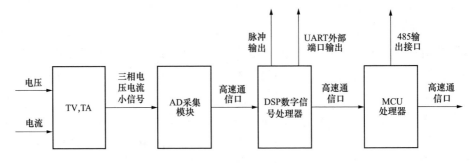

图 1.2　谐波表硬件架构

关于如何对谐波能量计量进行充收费依旧存在许多争议。谐波计量模式共有全波，基波和混合波能量测量三种。当用户负载类型不同时，采用的模式也不同。如果负载是纯电阻，则基波和谐波均起作用，则全波能量计量模式更好；如果负载仅使用基波，则基波能量计量方式更好；如果用户是非线性的，考虑谐波控制，建议使用基波加谐波能量模式，这种具有一定惩罚性质的测量方法对供电企业更合理且线性度更好，但前提是必须合理地区分谐波源，这也是推广谐波能量计量的困难点。在谐波能量计量技术被广泛实施之前，可以使用基本能量计量模式。此外，与谐波能量和电能质量相关的数据格式未在 DL/T 645—2007《多功能电能表通信协议》中明确定义。因此，当前是电表制造商自行定义这些数据格式。现有抄表终端与用电信息采集系统的数据格式不兼容，这就是现场抄表率不高的原因。

1.4.2　直流电能计量

目前，越来越多的行业开始使用直流电能计量，并且对直流电能计量设备的需求已显著增加。因此，有必要使直流电计量设备标准化[40-43]。直流电能计量和交流电能计量方法相似，所有信号都通过采样电路转换为小信号，输入到计量芯片，计量芯片对输入信号进行模数转换和数字处理，并且最后使用通信总线和处理器进行数据交换。

直流电能计量的工作原理：一次侧的电流信号由霍尔传感器输出 0～5V 的直流电压信号。因此，直流电能计量的电压和电流电路是相同的，其等效电路如图 1.3 所示。

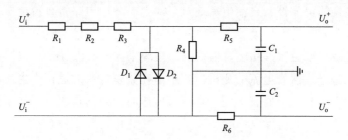

图 1.3　信号采样等效电路

原理如下：采样电路的输入模式为单端输入，分压电阻 R_1，R_2，R_3 和采样电阻 R_4。这些电阻的功能是将采样信号调整到计量芯片的正常工作范围。采样后电压：$U_o=U_i \times R_4 / (R_1 + R_2 + R_3 + R_4)$。在图中，双向二极管 D_1 的作用是钳位，以防止干扰太大损坏组件。滤波电路由 R_5，C_1，R_6 和 C_2 组成。由电路获得的电压和电流分别输入到计量芯片的相应通道，并进行下一个数据处理[40, 41]。

直流电能表模块工作原理图如图 1.4 所示。

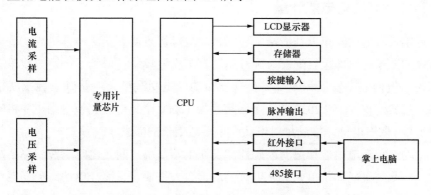

图 1.4　直流电能表模块工作原理框图

直流电表由组成：计量模块、通信模块、显示模块和单片机控制模块。计量模块是其核心部分，它影响电表是否可以精确测量。当然，要实现电能计量，其他三个模块必不可少，尤其是单片机控制模块，它的功能是实现各个部件的协调控制和人机交互的多速率控制。这是整个电表系统的灵魂。直流电表工作时，电压和电流通过 A/D 转换模块转换为数字信号，并发送到 CPU 进行处理。CPU 根据要求存储并从 EEPROM 和时钟 TRC 中检索数据。然后，根据需要将处理后的数据发送到输出单元，例如显示和通信。直流电表带有温度补偿电路，以确保在标称温度下时钟误差小于 0.5 s/d。为了确保数据安全，冗余设计和数据的多次备份可确保数据的可靠性。直流电流通过分流器、分压电路将直流电压发送到两通道 16 位多级 A/D 转换，模数转换电路用 4 分频对输入信号进行采样，因此输入信号动态范围可以更宽，精度可以提高。模块采样一次为 1ms。采样电流累积到一定次数时，平均值为电流的测量值。由于在累积电流的过程中也累积了电压，因此确定该电压与电流略有不同。在计算电压时，必须首先对采样电压的加权平均值求平均值，然后再除以 1000。首先，应校正电压和电流零点，然后校正电压和电流的增益。电能的计算方法如下：首先，将电压信号和电流信号相乘得到瞬时功率信号，并将瞬时功率作为 1ms 内的平均功率，从而获得 1ms 内产生的电量，并且每 1ms 累积电量。当功率达到预定常数时，输出脉冲信号，脉冲信号的频率与有功功率成正比，再将功率增加 0.01，然后根据该时间确定当前时间段，相应的速率被累积。电量和反向电量的计算方法相似。根据启动状态，电能表在一段时间内会有轻微波动，因此需要进行防潜处理。可以通过考虑电表的启动电流和蠕变要求的特性来设置最小启动电流。

1.4.3　充电桩电能计量

近年来，电动汽车以其清洁、环保、高效等优点得到广泛地推广和发展，而作为电动汽车充电的重要配套设施，电动汽车充电设施也得到了一定的政策支持与建设。根据国家发展和改革委员会发布的《电动汽车充电基础设施发展指南（2015～2020 年）》，到 2020 年，全国将增加 12000 个集中式充换电站，并将安装 480 万个分散充电桩，以满足对电动汽车不断增长的需求。

电动汽车充电电能计量的准确性涉及充电站与用户间充电时电费结算公平性问题，因此其电能计量单元对充电桩的运营至关重要。目前，电动汽车充电设施主要包括直流充电机与交流充电桩，其电能计量方式与前文提到的交流电能计量和直流电能计量原理类似。同时，由于充电电能的特殊性，其计量呈现如下特点：

（1）交流充电桩：根据 GB/T 20234.2—2015《电动汽车传导充电用连接装置　第 2 部分：交流充电接口》等国家标准，交流充电接口最大不超过 440V/63A，因此目前交流充电桩多采用直接接入式交流电能表进行电能计量，其计量性能要求须符合 GB/T 28569—2012《电动汽车交流充电桩电能计量》等标准要求。

（2）直流充电机：根据 GB/T 20234.3—2015《电动汽车传导充电用连接装置　第 3 部分：直流充电接口》等标准，交流充电接口最大不超过 1000V/250A，因此目前交流充电桩多采用直流分流器和间接接入式直流电能表的方式进行电能计量，其计量性能要求须符合 GB/T 29318—2012《电动汽车非车载充电机电能计量》等标准要求。

另外，根据实际工作需要，充电计量装置必须包含有分时段计费、正反向和组合有功电能、数据保存等功能，并应具有相应的通信接口，以便充电桩 TCU（充电计费控制模块）获取电能数据。目前智能电能表以其扩展性强、通信方便、精度高的特点被广泛应用于充电设施的电能计量工作中，电动汽车充电电能计量模块原理如图 1.5 所示。充电电压、充电电流经信号取样后进入专用计量芯片运算分析，得到的数据送入微处理器进行处理。微处理器控制按键、显示屏、RS485、红外接口等单元，满足实际充电电能计费和数据传输等要求。

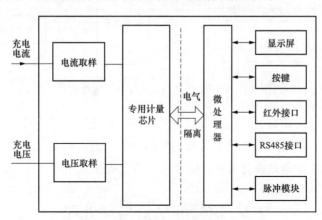

图 1.5　充电桩计量模块原理图

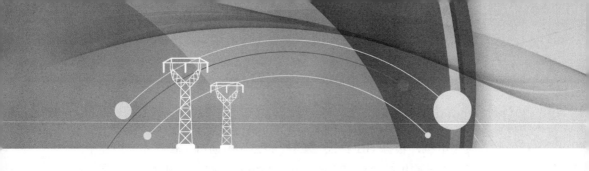

第2章 数字化电能计量理论

2.1 数字化电能计量系统简介

数字化变电站电能计量系统主要包括互感器、合并单元，以及数字化电能表。电子式互感器对电压、电流信号进行采样并将采样数据汇总到合并单元后，经过对点或组网方式发送至间隔层的数字化电能表。数字化变电站电能计量系统结构如图2.1所示。

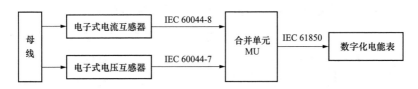

图 2.1　数字化变电站电能计量系统结构图

电子式互感器和数字化电能表的研发、生产和使用得益于数字化变电站的快速发展。传统变电站中用于电能计量的模拟设备在数字化变电站中已无法适用，为了实现数字化变电站信息数字化的要求，新的数字化电能计量方式应运而生。

2.2 信号的采集与预处理

2.2.1 信号的采集

（1）用数字方法处理模拟信号的过程。

在计算机和大规模集成电路的飞速发展下，用数字方法处理模拟信号的技术取得了很大进展。

用数字方法处理模拟信号首先要将模拟信号转换为数字信号，这种转换称为模数转换（Analog-to-Digital Converter，ADC），然后送入计算机或专用设备进行处理（运算）得出数字结果并输出。如图2.2所示。

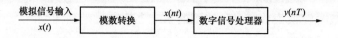

图 2.2　用数字方法处理模拟信号的过程

　　模数转换包括抽样、量化、编码三个步骤。抽样是将已知的模拟信号每隔一定时间 T 抽出一个样本数据，这种抽样称为等间隔抽样。本书中除特别说明，只讨论等间隔抽样。量化是一种用有限字长的数字量逼近模拟量的过程，例如抽样信号的准确值为 1.7237626587 采用四舍五入的方法可把该抽样信号的数值近似为1.7。编码是将已经量化的数变为二进制数码。上述步骤是必要的，因为数字处理器只能接受有限长的二进制数。

　　（2）模数转换的基本原理。

　　一个任意幅度、连续时间的模拟信号经过 ADC 转换变成一个有精度上限的离散时间的数字信号。ADC 与计算机联合使用时，计算机发出抽样命令后进行采样并将所得信号值保持小段时间[44]。这个过程可由图 2.3 的抽样保持器完成。当抽样命令（脉冲）到来时电子开关 S 闭合，$x(t)$ 向电容 C 充电（因电子开关闭合时有几百欧的电阻，所以充电回路内不另加电阻），C 很快就充电到 $x_a(t)$ 在 nT 时刻的数值 $x_a(nT)$[44]，S 在预定的时间延迟后断开，S 的接通时间就是抽样时间，（一般是微秒、毫微秒级以下）。S 断开后，C 上的电压因为没有放电通路所以可保持到下一个抽样命令的到来。

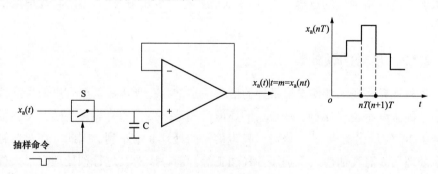

图 2.3　抽样保持器

　　（3）抽样。

　　在有了把模拟信号转换为二进制信号的概念之后，我们讨论模拟信号抽样的理论问题，即等间隔的非理想抽样和理想抽样的抽样率问题。

　　1）非理想抽样——矩形窄脉冲抽样。

把模拟信号转换为数字序列遇到的第一个问题就是抽样[45、46]。对模拟信号 $x_a(t)$ 每隔时间 T 抽样一次，则得 $x_a(0)$，$x_a(T)$，$x_a(2T)$，…，$x_a(nT)$，…。实际上，抽样相当于用 $x_a(t)$ 对一串窄脉冲 $p(t)$ 进行调制。设 $x_a(t)$ 为带限信号，上限频率为 f_h（或上限角频率为 ω_h，$\omega_h=2\pi f_h$）；$p(t)$ 为一窄脉冲序列，脉冲高度为 A，脉宽为 τ，周期为 T，占空比为 $d=\tau/T$。设 $x'(t)$ 表示调制后的信号，则

$$x'(t) = x_a(t) \cdot p(t) \tag{2.1}$$

2）理想抽样——单位冲击序列抽样。

当矩形脉冲的脉宽 τ 变为无穷小，则 $d\to0$，同时若每个脉冲的面积 A_τ 保存为 1，则窄脉冲序列就变成了单位冲击函数序列，此时用抽样函数 $p(t)$ 调制模拟信号 $x_a(t)$，就称为理想抽样。

（4）量化。

模拟信号 $x(t)$ 经理想抽样后变成离散序列 $x(nT)$，其中 $x(nT)$ 具有任意精确值，但 ADC 转换中 $x(nT)$ 使用有限字长的二进制数进行表示。例如，设 $x(nT)$ 的精确值为 $(0.8012)_{10}$，这里下标 10 表示括弧中的数是个十进制数。如果用三位小数的定点制二进制数表示 $x(nT)$，则以 $(0.110)_2=(0.75)_{10}$ 和 $(0111)_2=(0.875)_{10}$ 与 $(0.8012)_{10}$ 最接近，我们选取与 0.8012 相差最小的 $(0.110)_2$ 作为 ADC 转换的结果，记作 $x_a(nT)=0.110$，这里下标 a 表示量化。量化是指用一些幅度不连续的数来逼近信号精确值的过程。$x_a(nT)-x(nT)=0.75-0.8012=-0.512$，就是量化的误差。

2.2.2　信号的预处理

各种外界客观因素使得记录到的信号中常常存在噪声，甚至有用信号能被噪声信号覆盖，而通过 ADC 变换后的离散时间信号，在原有噪声基础上又会增加一种 ADC 的量化噪声[44]，这对于噪声信号的处理非常不利。因此，在对信号做数字处理（如对其估值、识别及各种加工等）前，应对其进行预处理来最大程度去除噪声信号，提高信噪比。信号预处理包含的范围很广，如：信号放大，预滤波，趋势项去除，改善信噪比，预白化等[44]。

（1）去除均值。

信号的均值可看作一个直流分量，而直流信号的傅里叶变换是在 $\omega=0$ 处的冲击函数[46]。因此，若保留信号的均值，则将在信号的功率谱 $\omega=0$ 处出现一个很大的谱峰，同时会使 $\omega=0$ 左、右处的频谱曲线产生较大误差[46]。使用式（2.2）估

计信号 $x(n)$ 的均值 μ_x:

$$\hat{\mu}_x = \frac{1}{N}\sum_{n=0}^{N-1} x_N(n) \tag{2.2}$$

$x_N(n)$ 是 $x(n)$ 的 N 个点的记录，$\hat{\mu}_x$ 是 $x(n)$ 真正均值 μ_x 的估计值。一般地，先用式（2.2）估计出 $\hat{\mu}_x$ 后再从 $x_N(n)$ 中将其去除。

（2）去除趋势项。

采样信号中可能会存在一个随时间变化的总趋势，如随时间作线性增长或按平方关系增长等[47]。为了正确解释和处理该信号，必须设法去除趋势项的影响。不同类型的趋势项对应于不同的去除方法：对于线性或近似线性增长的趋势项可用多项式拟合去除；对于其他类型的趋势项，可用滤波方法去除。这里只讨论多项式拟合方法，该方法和信号的平滑、差分都有着密切的关系。由于其算法简单，使用方便，因此应用很广。

设记录到的信号 $x(n)$ 如图 2.4（a）所示，它包含了如图 2.4（b）的趋势项，相对于真正的信号如图 2.4（c）所示，该趋势项是一个变慢的信号，因此可以用一个多项式来拟合（多项式的阶次由趋势项的性质决定）。多项式被确定后从 $x(n)$ 中减去趋势项即可得到近似的真实信号。

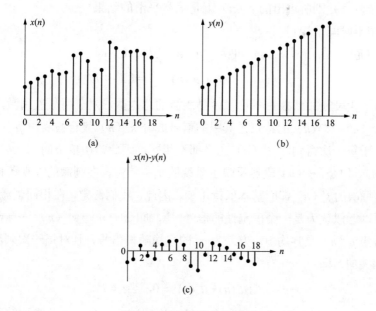

图 2.4 常见信号的趋势项

（a）带有趋势项的信号 $x(n)$；（b）分离出来的趋势项 $y(n)$；（c）去除趋势项之后的信号

（3）信噪比的改进。

信噪比的改进是信号处理各领域中的共同的问题，提高信噪比意味着很大程度上得到更加精确的处理结果。改进信噪比的方法很多，例如：用相关法从噪声中检测周期信号。若信号频谱与噪声频谱不重合，则可用滤波法消除噪声，如：在信号中混有高频噪声，使用平滑滤波法就可以有效消除这些噪声。下面讨论信号的平滑和相干时间平均两个问题[44]。

1）信号的平滑。

对离散信号的多项式拟合，不但可以用来去除趋势项，而且也可以实现信号的平滑。设 $y(n)$ 是在最小平方意义下对 $x(n)$ 的拟合，$y(n)$ 主要拟合了 $x(n)$ 中的低频成分。因此，如果 $x(n)$ 中含有一慢变的趋势项（也即相对信号而言的低频成分），那么，拟合的结果 $y(n)$ 是趋势项，用 $x(n)$ 减去 $y(n)$，剩下的是信号。反之，如果 $x(n)$ 中不包含趋势项，而是包含有高频噪声（也即相对信号而言的高频成分），那么，$x(n)$ 中的信号此时可看作是"趋势项"，拟合后的 $y(n)$ 便是该"趋势项"，也即所要的信号，这样，滤掉了高频噪声，使信号得到平滑。因此，用多项式拟合的方法去除趋势项和对信号平滑，本质是一样的，区别在于如果去除的是低频的趋势项，则用 $x(n)$ 减去 $y(n)$，如果去除的是高频的噪声（相对信号而言）则所求出的 $y(n)$ 就是信号平滑的结果。

2）相干时间平均。

设 $x(n)$ 是由信号 $s(n)$ 和噪声 $\mu(n)$ 所组成，即

$$x^i(n) = s^i(n) + \mu^i(n) \qquad i=1,2,\cdots,M \qquad (2.3)$$

上标 i 代表施加刺激的序号，M 是刺激的总次数，对于每一次刺激，都将产生响应 $x^i(n)$，$x^i(n)$ 的特点是其中的信号成分 $s^i(n)$ 集合被噪声 $\mu^i(n)$ 所淹没，以至于每一次得到的 $x^i(n)$ 几乎都不相同，因此，由单个的 $x^i(n)$ 无法识别出 $s(n)$。但是，$s(n)$ 既然反映了系统的基本特性，在刺激的客观条件不变的情况下，每次的 $s^i(n)$ 都应基本保持不变，因此，我们假定，在相同刺激条件下，$s(n)$ 可以近似认为是一个确定性的信号[48]，即 $s^1(n) = s^2(n) = \cdots = s^M(n)$，并假设噪声 $\mu(n)$ 是零均值，方差为 σ^2 的平稳随机信号，且对每一次刺激，它们是互不相关的，即

$$E\{\mu^i(n) \cdot \mu^j(n)\} = 0, \quad \text{当} i \neq j \qquad (2.4)$$

记信号 $s(n)$ 的功率为 P，那么对每一次刺激，$x^i(n)$ 的信噪比等于 P/σ^2，现在对 $x(n)$ 的 M 次样本对应相加，然后取平均，即

$$\frac{1}{M}\sum_{i=k}^{M} x^i(n) = \frac{1}{M}\sum_{i=k}^{M} s^i(n) + \frac{1}{M}\sum_{i=k}^{M} \mu^i(n)$$

$$\frac{1}{M}\sum_{i=k}^{M} x^i(n) = s(n) + \frac{1}{M}\sum_{i=k}^{M} \mu^i(n)$$

(2.5)

式（2.5）的运算被称为相干时间平均。经过 M 个样本的平均后，信号的功率仍为 P，噪声的均值仍为 0，但方差变成 σ^2/M，因此此时的信噪比

$$SNR = P/\sigma^2/M = M \cdot P/\sigma^2$$

(2.6)

比没有经过相干平均的信噪比提高了 M 倍。

在实际做相干平均时，遇到的主要技术问题是使每次记录到的 $x^i(n)$ 在做相加时能"对齐"，这通常是由一个同步脉冲同时控制刺激器和信号记录器来实现的。

式（2.5）给出的结论是一种理想化的情况，实际上，$\mu^i(n)$ 和 $\mu^j(n)$ 不可能完全无关，$s(n)$ 也不可能是完全不变的，因此信噪比的提高要小于 M。

2.3　傅里叶变换基础

傅里叶变换是将某个函数（满足一定条件）表示成三角函数（正弦函数或余弦函数）或其积分的线性组合形式。针对不同的研究领域，傅里叶变换具有多种不同的变体形式，如：连续傅里叶变换和离散傅里叶变换。

2.3.1　傅里叶变换的概念

傅里叶变换是一种分析信号的方法，它可分析信号的成分，也可用这些成分合成信号[49]。许多波形可作为信号的成分，如正弦波、方波、锯齿波等，傅里叶变换用正弦波作为信号的成分。

定义：$f(t)$ 是 t 的周期函数，如果 $f(t)$ 满足 Dirichlet 条件：当 $f(t)$ 为周期函数，在一个 $2T$ 的区域内，$f(t)$ 连续或只有有限个第一类间断点，且 $f(t)$ 单调或可划分成有限个单调区间，则 $f(t)$ 的以 $2T$ 为周期的傅里叶级数收敛[49]。和函数 $S(t)$ 也是以 $2T$ 为周期的周期函数，且在这些间断点上，和函数是有限值。如果和函数 $S(t)$ 在一个周期内具有有限个极值点，且绝对可积[49]。则式（2.7）成立，称为积分运算 $f(t)$ 的傅里叶变换。式（2.8）的积分运算叫做 $F(\omega)$ 的傅里叶逆变换。

$F(\omega)$ 是 $f(t)$ 的像函数，$f(t)$ 是 $F(\omega)$ 的像原函数。$F(\omega)$ 是 $f(t)$ 的像，$f(t)$ 是 $F(\omega)$ 原像。傅里叶变换

$$F(\omega) = F[f(t)] = \int_{-\infty}^{\infty} f(t)e^{-i\omega t}dt \qquad (2.7)$$

傅里叶逆变换

$$f(t) = F^{-1}[F(\omega)] = \frac{1}{2\pi}\int_{-\infty}^{\infty} F(\omega)e^{-i\omega t}d\omega \qquad (2.8)$$

傅里叶变换在物理学、电子类学科、数论、组合数学、信号处理、概率论、统计学、密码学、声学、光学、海洋学、结构动力学等领域都有着广泛的应用。例如在信号处理中，傅里叶变换的典型用途是将信号分解成频率谱——显示与频率对应的幅值大小[49]。

2.3.2 傅里叶变换性质

（1）线性性质。

傅里叶变换的线性，是指两函数的线性组合的傅里叶变换，等于这两个函数分别做傅里叶变换后再进行线性组合的结果[49]。具体而言，假设函数 $f(x)$ 和 $g(x)$ 的傅里叶变换 $F[f]$ 和 $F[g]$ 都存在，α 和 β 为任意常系数，则有

$$F[\alpha f + \beta g] = \alpha F[f] + \beta F[g] \qquad (2.9)$$

（2）尺度变换性质。

若函数 $f(x)$ 的傅里叶变换为 $F(\omega)$，则对任意的非零实数 a，函数 $f_a(x) = f(ax)$ 的傅里叶变换 $F_a(\omega)$ 存在[49]，且等于

$$F(a\omega) = \frac{1}{|a|}F\left(\frac{\omega}{a}\right) \qquad (2.10)$$

对于 $a>0$ 的情形，上式表明，若将 $f(x)$ 的图像沿横轴方向压缩 a 倍，则其傅里叶变换的图像将沿横轴方向展宽 a 倍，同时高度变为原来的 $1/a$。对于 $a<0$ 的情形，还会使得傅里叶变换的图像关于纵轴做镜像对称[49]。

（3）对偶性。

若函数 $f(x)$ 的傅里叶变换为 $F(\omega)$，则存在

$$F[F(x)] = 2\pi f(-\omega) \qquad (2.11)$$

（4）平移性质。

若函数 $f(x)$ 的傅里叶变换为 $F(\omega)$，则对任意实数 ω_0，函数 $f\omega_0(x) = f(x)e^{i\omega_0 x}$ 也存在傅里叶变换，且其傅里叶变换 $F_{\omega_0}(\omega)$ 等于

$$F_{\omega_0}(\omega) = F(\omega - \omega_0) \qquad (2.12)$$

也就是说，$F_{\omega_0}(\omega)$ 可由 $F(\omega)$ 向右平移 ω_0 得到。

（5）微分关系。

若函数 $f(x)$ 的傅里叶变换为 $F(\omega)$，且其导函数 $f'(x)$ 的傅里叶变换存在，则

$$F[f'(x)] = i\omega F(\omega) \tag{2.13}$$

即导函数的傅里叶变换等于原函数的傅里叶变换乘以因子 $i\omega$。更一般地，若 $f(x)$ 的 n 阶导数 $f^{(n)}(x)$ 的傅里叶变换存在，则

$$F[f^{(n)}(x)] = (i\omega)^n F(\omega) \tag{2.14}$$

即 n 阶导数的傅里叶变换等于原函数的傅里叶变换乘以因子 $(i\omega)^n$。

（6）时域卷积定理。

若函数 $f(x)$ 以及 $g(x)$ 都在 i 上绝对可积，则卷积函数

$$f(x) * g(x) = \int_{-\infty}^{+\infty} f(x-t)g(t)\mathrm{d}t \tag{2.15}$$

的傅里叶变换存在，且

$$F[f * g] = F[f]\ F[g] \tag{2.16}$$

（7）频域卷积定理。

若 $f(x)$ 的傅里叶变换为 $F(\omega)$，$g(x)$ 的傅里叶变换为 $G(\omega)$，则有

$$F[f(x)g(x)] = \frac{1}{2\pi}[F(\omega) * G(\omega)] \tag{2.17}$$

（8）Parseval 定理以及 Plancherel 定理

若 $f(x)$ 函数以及 $g(x)$ 平方可积，二者的傅里叶变换分别为 $F(\omega)$ 与 $G(\omega)$，则有

$$\int_{-\infty}^{+\infty} f(x)g^*(x)\mathrm{d}x = \frac{1}{2\pi}\int_{-\infty}^{+\infty} F(\omega)G^*(\omega)\mathrm{d}\omega \tag{2.18}$$

式（2.19）被称为 Parseval 定理。特别地，对于平方可积函数 $f(x)$，有

$$\int_{-\infty}^{+\infty} |f(x)|^2\,\mathrm{d}x = \frac{1}{2\pi}\int_{-\infty}^{+\infty} |F(\omega)|^2\,\mathrm{d}\omega \tag{2.19}$$

式（2.19）被称为 Plancherel 定理。这两个定理表明，傅里叶变换是平方可积空间 L^2 上的一个运算符（若不考虑因子 $1/2\pi$）。

2.3.3　傅里叶变换的特殊变换

（1）连续傅里叶变换。

连续傅里叶变换将平方可积的函数 $f(t)$ 表示成复指数函数的积分形式为

$$f(t) = \frac{1}{2\pi} \int_{-\infty}^{+\infty} F(\omega) \mathrm{e}^{i\omega t} \mathrm{d}\omega \tag{2.20}$$

式（2.20）其实表示的是连续傅里叶变换的逆变换，即将时间域的函数表示为频率域的函数 $F(\omega)$ 的积分。反过来，其正变换恰好是将频率域的函数 $F(\omega)$ 表示为时间域的函数 $f(t)$ 的积分形式。一般可称函数 $f(t)$ 为原函数，而称函数 $F(\omega)$ 为傅里叶变换的象函数，原函数和象函数构成一个傅里叶变换对。

当 $f(t)$ 为奇函数（或偶函数）时，其余弦（或正弦）分量为零，而可以称这时的变换为余弦变换（或正弦变换）。

（2）傅里叶级数。

连续形式的傅里叶变换其实是傅里叶级数的推广，因为积分其实是一种极限形式的求和算子而已。对于周期函数，它的傅里叶级数（Fourier Series，FS）表示被定义为

$$f(t) = \sum_{n=-\infty}^{+\infty} F_n \mathrm{e}^{2i\pi nt/T} \tag{2.21}$$

其中 T 为函数的周期，F_n 为傅里叶展开系数，它等于

$$F_n = \frac{1}{T} \int_{-T/2}^{T/2} f(t) \mathrm{e}^{-2i\pi nt/T} \mathrm{d}t \tag{2.22}$$

对于实值函数，函数的傅里叶级数可以写成

$$f(t) = \frac{a_0}{2} + \sum_{n=1}^{+\infty} \left[a_n \cos\left(\frac{2\pi nt}{T} \right) + b_n \sin\left(\frac{2\pi nt}{T} \right) \right] \tag{2.23}$$

其中 a_n 和 b_n 是实频率分量的振幅。

（3）离散时间傅里叶变换。

离散时间傅里叶变换（Discrete-Time Fourier Transform，DTFT）针对的是定义域为 Z 的数列。设 $\{x_n\}$ 为某一数列，其中 $n \in (-\infty, \infty)$，则其 DTFT 被定义为

$$X(\omega) = \sum_{n=-\infty}^{+\infty} x_n \mathrm{e}^{-i\omega n} \tag{2.24}$$

相应的逆变换为

$$x_n = \frac{1}{2\pi} \sum^{+\infty} X(\omega) \mathrm{e}^{-i\omega n} \mathrm{d}\omega \tag{2.25}$$

DTFT 主要是用于对离散时间的信号进行频谱分析，它的特性是时域离散，频域周期。DTFT 可以被看作是傅里叶级数的逆。

（4）离散傅里叶变换。

为了在科学计算和数字信号处理等领域使用计算机进行傅里叶变换，必须将

函数定义在离散点上而非连续域内，且须满足有限性或周期性条件。这种情况下，序列 x_n 的离散傅里叶变换（Discrete Fourier Transform，DFT）为

$$X[k] = \sum_{n=0}^{N-1} x_n \mathrm{e}^{-2i\pi kn/N} \qquad (2.26)$$

其逆变换为

$$x_n = \frac{1}{N}\sum_{k=0}^{N-1} X[k]\mathrm{e}^{2i\pi kn/N} \qquad (2.27)$$

直接使用 DFT 的定义计算的计算复杂度为 $O(N^2)$，而快速傅里叶变换（Fast Fourier transform，FFT）可以将复杂度改进为 $O(N\log_2 N)$。计算复杂度的降低以及数字电路计算能力的发展使得 DFT 成为在信号处理领域十分实用且重要的方法。

2.4　数字化电能计量误差

2.4.1　电子式互感器误差

1. 电流互感器的误差特性

（1）电流互感器误差存在的原因。

为了保证精确测量，希望电流互感器没有误差，但实际上是不可能的。为了减小误差，要求励磁电流越小越好，因此一般电流互感器保持在 $0.08\sim0.1T$ 范围内的一个较低的铁心磁通密度。普通电流互感器的铁心采用优质硅钢片，制成心式，用于减小涡流损耗，使得片间彼此绝缘。实验室用的高准确度等级的电流互感器的铁心，是用坡莫合金制成的，其截面为环形，这种合金具有较高的起始导磁率、最大导磁率以及很小的损耗。

（2）电流互感器的比差和角差。

前面提出的理想电流互感器实际是不存在的，即励磁安匝数（即图 2.5 中 $\dot{I}_{10}N_1$）为零，一次磁势安匝数不等于二次磁势安匝数。所以，实际电流互感器存在着误差。

图 2.5 为电流互感器的简化相量图。电流互感器二次绕组的感应电动势 $\dot{E}_2$ 滞后铁心。忽略二次绕组的漏阻抗压降，认为 $\dot{U}_2 \approx \dot{E}_2$。二次回路负载的功率因数角为 φ_2。

由相量图中得到，二次安匝数 $\dot{I}_2N_2$ 旋转 $180°$ 后（即 $-\dot{I}_2N_2$）与一次安匝数 $\dot{I}_1N_1$ 相比较，大小不等，相位也不同，存在着两种误差，分别称之为比值误差和相角误差。

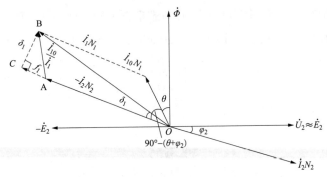

图 2.5　电流互感器的简化相量图

比值误差简称比差，用公式表示为

$$f_1 = \frac{I_2 N_2 - I_1 N_1}{I_1 N_1} \times 100\%$$

$$= \frac{I_2 K_1 - I_1}{I_1} \times 100\% \qquad (2.28)$$

$$= \frac{K_1 - K_1'}{K'} \times 100\%$$

式中　I_1——实际的一次电流；

　　　I_2——实际的二次电流；

　　　K_1'——实际的电流变比，$K_1' = I_1 / I_2$；

　　　K_1——额定电流比，即一、二次额定电流 I_1、I_2 之比，$K_1 = I_1 / I_2$。

由式可见，实际的二次电流乘以额定变比 K_1 后，如果大于一次电流，比差为正值，反之，则为负值。

相角误差简称角差，即二次安匝数 $\dot{I}_2 N_2$ 旋转 180° 后（即 $-\dot{I}_2 N_2$）与一次安匝数 $\dot{I}_1 N_1$ 之间的相位差，用 δ_1 表示，通常用 "′"（分）作为计量单位。若 $-\dot{I}_2 N_2$ 超前 $\dot{I}_1 N_1$，角差为正值；若滞后，角差为负值。

从相量图中可以求得比差与角差的公式。因为 δ_1 很小，所以认为 $OB = OC = \dot{I}_1 N_1$，其中

$$AC = \dot{I}_{10} N_1 \cos\{[90° - (\theta + \varphi_2)]\} = I_{10} N_1 \sin(\theta + \varphi_2) \qquad (2.29)$$

因为 $AC = OC - OA = \dot{I}_1 N_1 - \dot{I}_2 N_2$，所以

$$f_1 = \frac{\dot{I}_2 N_2 - \dot{I}_1 N_1}{\dot{I}_1 N_1} = \frac{\dot{I}_{10} N_1 \sin(\theta + \phi_2)}{\dot{I}_1 N_1}$$

$$= -\frac{\dot{I}_{10}}{\dot{I}_1} \sin(\theta + \varphi_2) \times 100\% \qquad (2.30)$$

由式（2.30）可得：负号表示 $\dot{I}_2 N_1$ 小于 $\dot{I}_1 N_1$，即比差一般情况下为负值。
又因为

$$\sin\delta_1 = BC / \dot{I}_1 N_1 = \dot{I}_{10} N_1 \sin[90° - (\theta + \varphi_2)] / \dot{I}_1 N_1$$
$$\approx \dot{I}_{10} N_1 \cos(\theta + \varphi_2) / \dot{I}_1 N_1 \tag{2.31}$$

在三角形 ABC 中，若将 AB 以 $\dot{I}_{10} / \dot{i}_1$ 取代，则 $\dot{i}_{10} / \dot{i}_1$ 的垂直分量相当于角差 δ_1；水平分量相当于比差 f_1。

由式（2.30）和式（2.31）可知，电流互感器的比差和角差不仅与励磁电流 $\dot{I}_{10}$ 有关，还与负载功率因数 $\cos\delta_1$、损耗角 θ 有关。

（3）电流互感器误差受工作条件的影响。

1）一次电流的影响。

当电流互感器工作在小电流时，由于硅钢片磁化曲线的非线性影响，其初始的磁通密度较低，因而导磁率小，引起的误差大。所以在选择电流互感器容量时，不能选得过大，以避免在小电流下运行。

2）二次负载 Z_b 的影响。

二次负载阻抗 Z_b 增加时，由于一次电流 $\dot{I}_1$ 不变（即 $\dot{I}_1 N_1$ 不变），并假设负载功率因数 $\cos\varphi_2$ 不变，则二次电流 $\dot{I}_2$ 减小，$\dot{I}_2 N_2$ 减小。根据磁势平衡方程 $\dot{I}_1 N_1 + \dot{I}_2 N_2 = \dot{I}_{10} N_1$，则 $\dot{I}_{10} N_1$ 增加，因而比差及角差增大。

当二次负载功率因数角 $\cos\varphi_2$ 增加时，由式可得，比差 f_1 增大，由式可得，δ_1 角差减小；反之亦然。但此部分比差和角差的变化很小，在实际应用中对准确度等级低的互感器而言可以忽略不计。

3）电源频率的影响。

式（2.30）、式（2.31）是在频率为 50Hz 下求得的。频率降低时，将使 φ_2 减小，影响误差。此外，铁芯剩磁也影响电流互感器的误差。根据上述情况，电流互感器误差特性变化可归纳于表 2.1 中。

表 2.1　　　　　　　　　　　电流互感器误差特性变化

相对于额定值的变化		变比误差	相角误差
电流特性	一次电流减小时	−	+
负载特性	负载减小时	+	−
负载功率因数特性	负载功率因数向迟后变化	−	−
电源频率变化	频率降低时	−	+
剩磁影响	去磁时	+	−

注　"+"号表示向正的方向变化；"−"号表示向负的方向变化。

（4）电流互感器误差的补偿方法。

为了减小误差，提高电流互感器测量的准确度，最有效的方法是尽可能地减小励磁电流的大小。这取决于铁芯的材质、尺寸、线圈匝数以及二次负载的特性和大小。铁芯的导磁率越高，铁芯损耗越小，则励磁电流越小。缩短导磁体的长度，并增大铁芯的截面积，使磁阻减小，也能减小励磁电流。此外，还经常采取以下三种人工调节的方法。

1）匝数补偿法。改变二次绕组匝数，就可以改变电流互感器的电流变比。如将二次绕组匝数减少，使二次电流相应增大，补偿了励磁电流引起的负的比差。这是一种简单而广泛的方法，但是这种方法，对角差影响极小，因此常用来补偿比差。

分裂铁心使其中一匝只绕在部分铁心上，起到了少绕匝数的效果。二次绕组由两根线径相等的导线并联绕制，而最末一匝只绕在其中一根导线上，相当于少绕了半匝。将二次绕组导线的尾端分成电阻不等的两个支路，这样流过其中的电流也不等，相当于少绕了分数匝。改变 R 值，可得到任意分数匝。

2）附加磁场。采用附加磁场法，人为地使铁芯磁化到相当于最大导磁率的程度。这时若要产生一定的磁通，励磁安匝数就可以相对减小，从而使误差降低。

如图 2.6 所示，采用圆环磁分路补偿，在二次匝数 N_2 匝中，有 N_b 匝只绕在主铁芯 I 上，其余的 N_2-N_b 匝合绕在主铁心 I 和磁分路 II 上。由于这种做法使主铁芯的部分磁通转移到磁分路中，适当选择 N_b 的匝数，使得当在 10% 的额定电流时，电流互感器误差最大，磁分路的导磁率和损耗角也达到或接近最大值，以使此时的比差和角差补偿数值最大。当电流逐步增大到额定值的 20% 时，磁分路饱和，其补偿作用也就随之减小。

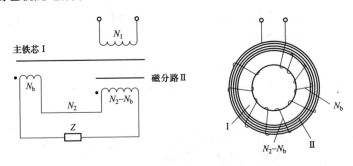

图 2.6　圆环磁分路补偿原理线路

需要指出的是，一般情况下因为电流互感器误差补偿值都很小，故可认为在补偿前后互感器整个铁芯的磁通密度和磁场强度都不变，也就是原互感器的比差和角差基本不变。这样就可以应用叠加原理求得补偿后的比差和角差，即

$$f_1' = f_1 + \Delta f_1 \tag{2.32}$$

$$\delta_1' = \delta_1 + \Delta \delta_1 \tag{2.33}$$

2. 电压互感器的误差特性

电压互感器的工作原理与普通变压器的原理相似。当一次绕组加上电压 $\dot{U}_1$ 有交变主磁通通过，一、二次绕组分别有感应电动势 $\dot{E}_1$ 和 $\dot{E}_2$。折算到一次侧后，可以得到如图 2.7 所示的形等值电路图和相量图。

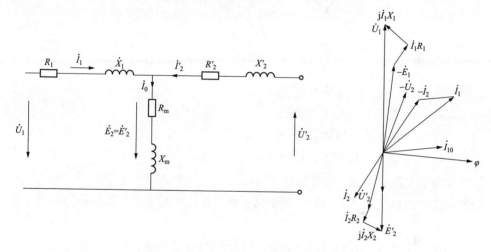

图 2.7 电压互感器 T 形等值图和相量图

从等值电路图中得到

$$\dot{U}_1 = \dot{I}_1(R_1 + \mathrm{j}X_1) - \dot{E}_1 \tag{2.34}$$

$$\dot{U}_2' = \dot{E}_2' - \dot{I}_2'(R_2' + \mathrm{j}X_2') \tag{2.35}$$

式中 R_1、X_1——一次绕组的电阻和阻抗；

R_2'、X_2'——二次绕组折算到一次侧的电阻和阻抗。

如果忽略励磁电流和负载电流在一、二次绕组中产生的压降，得到

$$\dot{U}_1 = -\dot{E}_1 \tag{2.36}$$

$$\dot{U}_2' = -\dot{E}_2 \tag{2.37}$$

则

$$K_{\mathrm{U}} = U_1/U_2 = E_1/E_2 = N_1/N_2 \tag{2.38}$$

这是理想电压互感器的电压变比，称为额定变比，即理想的电压互感器一次

绕组电压 $\dot{U}_1$ 与二次绕组电压 $\dot{U}_2$ 的比值是个常数,等于一次绕组和二次绕组的匝数比。

实际上,电压互感器存在着铁损和铜损进而会产生阻抗压降。从相量图中可见,二次电压 $\dot{U}_2$ 旋转 $180°$ 以后($-\dot{U}_2$)与一次电压 $\dot{U}_1$ 大小不等,且有相位差,就是说电压互感器存在比值误差和相角误差。

比值误差简称比差。比差 f_U 等于折算到一次回路的二次电压与实际一次电压的差值

$$f_{\mathrm{U}} = \frac{U_2' - U_1}{U_1} \times 100\% = \frac{\dfrac{N_1}{N_2} U_2 - U_1}{U_1} \times 100\%$$

$$= \frac{K_{\mathrm{U}} - K_{\mathrm{U}}'}{U_1} \times 100\% \tag{2.39}$$

式中 U_1——实际一次电压有效值;

  U_2——实际二次电压有效值;

  K_{U}'——实际电压变比,$K_{\mathrm{U}}' = U_1/U_2$;

  K_{U}——额定电压变比,$K_{\mathrm{U}} = U_{1N}/U_{2N} = N_1/N_2$。

相角误差简称角差。角差是指一次电压 $\dot{U}_1$ 与旋转 $180°$ 后二次电压($-\dot{U}_2$)之间的相位差,单位为"′"(分)。当旋转后的二次电压超前于一次电压时,角差为正值,反之角差为负值。

电压互感器铁芯材料导磁率和铁芯结构影响励磁电流的大小,铁芯结构还影响线圈的匝数及长度。因此,电压互感器的比差和角差受励磁电流,一、二次绕组阻抗以及二次负载的大小和功率因数的影响。

为了提高电压互感器的测量精度,减少误差,除了选择合适的材料外,更重要的是减小绕组的电阻。此外还可以采用附加绕组补偿法,其原理接线如图 2.8 所示,即在二次绕组上并联一个附加绕组 N_k,利用 N_k 产生的感应电动势 E_k',使输出电压 U_2 的大小和相位得到补偿,从而达到减小比差和角差的目的。

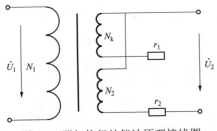

图 2.8 附加绕组补偿法原理接线图

2.4.2　数字化电能表误差

电子式电能表的误差来源,主要是由表内分流器或电流互感器 TA、表内分压器或电压互感器 TV 等部分引起的[50]。

1. 分流器引起的误差

目前大多数电子式表的分流器由锰铜合金板制成,其温度系数小,对铜的热电动势小。常用型号有 F1 和 F2 两种,F1 型用于准确度非常高的分流器,电子式电能表用 F2 型即可达到要求。其性能和特点如表 2.2 所示。

表 2.2　　　　　　　　　　　　分流器的性能和特点

名称	主要成分	电阻率 (20℃,Ω·mm²/m)	电阻温度系数		E_a(μV/℃)
			α(10⁻⁶/℃)	β(10⁻⁶/℃)	
F1 型 (硅锰铜)	Mn 8~10,Si1 ~2,铜余量	0.35	0~10	0~0.25	≤2
F2 型 (普通)	Mn 8~10,Si1 ~2,铜余量	0.44	0~40	0~0.7	≤2
名称	密度 d(g/cm³)	抗拉密度 Δ(kg/mm³)	伸长率 δ(%)	工作温度 (℃)	特点
F1 型 (硅锰铜)	8.4	40~55	10~30	20~80	对温度曲线 平坦
F2 型 (普通)	8.4	40~55	10~30	20~80	对温度曲线 陡峭

锰铜电阻对温度的关系曲线,如图 2.9 所示。锰铜分流器的电阻随温度的变化是非线性的,这会引起电子式表误差对温度的非线性变化。因为锰铜为纯电阻,当其阻值选择很小(电子式表一般根据不同标定电流选择)时,电流在一定范围(标定电流的)变化时,其阻值不会发生变化[51-53]。

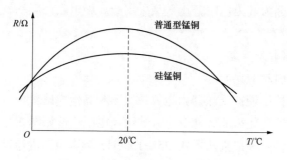

图 2.9　锰铜电阻对温度关系曲线

2. 电流互感器 TA 引起的误差

电流互感器的等效电路如图 2.10 所示。图中

$$\dot{I}_1 = -\dot{I}_2 + \dot{I}_0 \qquad\qquad (2.40)$$

在电流互感器中，由于铁芯建立磁场需要励磁电流 I_0，使 $I_1 \neq -I_2$，励磁电流 I_0 的存在造成了电流互感器的误差。

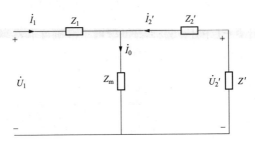

图 2.10　电流互感器的等效电路

一次回路电流、二次负载和工作频率会影响到电流互感器的误差。其中，一次回路电流与误差绝对值及相位误差成反比。二次负载与误差绝对值成正比、与相位差误差成正比。频率（25～100Hz）对误差影响很小[51-53]。

为了减小铁芯损耗和有限磁导率所产生的相角差，表内电流互感器的铁芯采用高磁导率的坡莫合金或优质硅钢带制成。为满足现代技术发展对准确度的要求，现已出现了采用电子补偿器的高准确度互感器。

3. 分压器引起的误差

一次电压误差：一次电压变化对误差影响几乎为零[53]；

负载影响：不论是模拟乘法器还是数字乘法器，均采用 CMOS 大规模集成电路，其电压回路的输入电阻相对于几十千欧的电阻分压网络为无穷大，故而负载引起的误差几乎为零；

频率影响：因为其为电阻分压，又采用金属膜电阻，频率变化对误差影响几乎为零。

4. 乘法器引起的误差

模拟乘法器引起的误差：

输入电压特性：模拟乘法器由运算放大器和其他电路组成，故模拟乘法器的误差随输入电压的变化呈非线性变化，其输入电压特性如图 2.11 所示；

输入频率特性：模拟乘法器在 25～1000Hz 频率范围内特性稳定，几乎不受频率影响；

温度特性：模拟乘法器采用先进的大规模集成电路技术，这使其温度特性很好，引起的误差可以忽略不计。

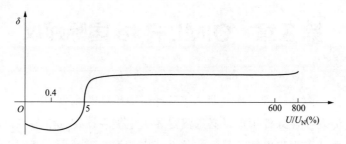

图 2.11　模拟乘法器误差的输入电压特性

5. 电子式电能表误差的调整。

电子式电能表主要有两种调整误差的方式。

分压器中的可调电阻：电子式电能表为了在出厂前调整其准确度和线性，在电能表计量模块的输入端对被测电压取样的分压器设置了一个可以调整的电阻。用户在校验的时候不用打开电能表，如果发现电能表不合格，那么可以整块换掉。

采用软件调整：这种电子式电能表的分压器没有可调整的电阻，采用单片机从电能计量模块读取原始数据，并将原始数据乘以一个修正系数，使得测量的结果与真实结果基本保持一致。对用户来说，在校验时无可调整元件。

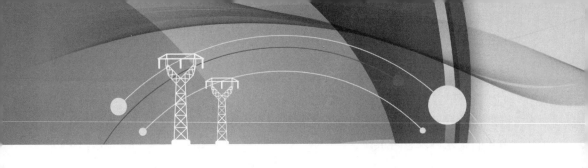

第 3 章　OIML R46 国际建议

电能表作为电网计量用终端器具，其计量准确性关系到电力贸易的公平与公正。所以电能表在投入使用前，必须满足相关电能表检定标准与准确度要求。因此，本章在描述国内外电能计量法规体系及电能表检定规程的基础上，介绍了国际法制计量组织颁布的 R46 国际建议以及其对 R46 电能表的相关检定要求。

3.1　电能计量法规体系

电能计量的法规体系由电能计量方面的法律、法规、电能管理章程以及要强制执行的电能计量法规组成[54]。电能表的用法及具体要求都在电能计算法规里给出，通过查阅可得，其中还包含了关于电能表质量检测的方法、文件等。

3.1.1　国际电能计量法规

根据国际电能计量法规发布的时间和区域，国际电能计量法规主要可划分为两大板块。

1. 国际电工委员会的 IEC 标准

国际电工委员会（International Electrotechnical Commission，IEC）是世界上成立最早的国际性电工标准化机构，在电子工程等其他的电工领域制订了许多国际化标准，为各国电工领域标准的制定奠定了基础。IEC 62052 是国际电工委员会发布的与电能计量相关的系列标准，其中与电能表计量误差试验方法相关的标准为 IEC 62052-11—2003《电能测量设备（交流）通用要求、试验和试验条件　第11 部分：测量设备》，该标准规定了电能表的计量误差影响量试验条件和计量误差分析的要求。IEC 电能计量标准体系作为全世界广泛采用的标准，在电能表计量误差试验分析方法和要求上具有以下特点：

（1）IEC 标准制定的出发点：从制造生产角度出发，按表计的工作原理制定不同标准。

（2）电能表初始固有误差试验测试方法：一般采取试验电流由高到低的测试

顺序,没有明确规定试验顺序。

(3)由外部恒定磁场引起的计量误差试验方法:外部恒定磁场分为两种—交流外磁场以及直流外磁场,交流外磁场由中心能放置电能表的环形电流线圈产生,环形线圈平均直径为 1m,磁场强度为 0.5mT;直流外磁场采用电磁铁与直流电源结合的方式来获得,要求电磁铁磁动势值为 1000 安匝(At),且电磁铁有相应的规格图纸。在两种情况下分别与无磁场影响时的误差进行比较,找出误差改变最大值,应满足标准规定值。

(4)由谐波引起的计量误差试验方法:谐波主要分为 5 次谐波、直流偶次谐波、奇次谐波和次谐波,误差试验分析方法为电压或电流线路中加入指定谐波时测量误差,与电压及电流线路中都为正弦情况时比较,计算误差改变量,应满足标准中的要求。

(5)由线路电压跌落或者中断引起的计量误差试验方法:线路电压跌落至50%,持续 1min(50Hz/60Hz),计算与电压正常时的误差改变量;电压中断指电压降至 0%,持续 1 个周期(50Hz/60Hz),计算与电压正常时的误差改变量。

(6)电能表误差等级定义:根据误差试验结果将电能表分为 2、1、0.5S 和0.2S 四个等级。

(7)参考电流:IEC 提出了基本电流 I_b,I_b 为参考电流基准。

(8)由严重的电压改变引起的计量误差试验方法:线路电压在额定电压的−20%~10%和+10%~+15%范围内变化时,以百分数表示的误差改变量极限须满足标准规定值的 3 倍。

(9)由环境温度引起的计量误差试验方法:将电能表温度范围按照 20℃的温度间隔进行划分,对每一温度间隔,分别将高低温箱温度设置为上限温度和下限温度,电能表放置在高低温箱内直至温度稳定,测试不同负载点的误差。需要计算整个工作温度范围内的平均温度系数,温度系数计算公式为

$$c = \frac{|e_u - e_l|}{20} \tag{3.1}$$

式中,e_u 为上限温度的误差值;e_l 为下限温度的误差值,温度系数单位为%/℃,即单位温度变化引起的误差变化。

2. 欧洲标准化委员会的 EN50470 标准

欧洲标准化委员会(Comité Européen de Normalisation,CEN)是以西欧国家为主体的国际标准化科学技术机构,它为欧洲各国制定统一的电能表标准和一些协调文件,加强了各个成员国之间关于电能方面的精准协作。EN50470 是欧洲标

准化委员会发布的关于电学计量设备的一般要求，试验和试验条件的标准规范，其具有以下特点：

（1）标准制定的出发点：本标准适用于新生产的电能表，测量有功电能，用于住宅，商业和轻工业，用于 50Hz 的电网系统；

（2）测试方法：在制造商选择的一个或相同类型的具有相同特征的少量电能表中进行，以验证各种类型的仪表是否符合本标准相关等级表的所有要求；

（3）等级定义：根据测试结果将电能表分为 A，B，C 三个等级；

（4）适用场合：户外、室内电机或静态瓦特-小时的电能计量；

（5）应用电压：不能超过 600V。

3.1.2 国内电能计量法规

1. 计量法律

我国的计量法规有两种。其中国家计量行政法规由国务院或国家计量行政部门发布。地方行政法规由县级以上计量部门颁布。非法定计量单位则为国务院颁布。

我国的计量法规体系如图 3.1 所示。

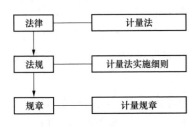

图 3.1　计量法规体系

《中华人民共和国计量法》（简称《计量法》）是从 1986 年 7 月 1 日起施行。《计量法》首次用法律的形式明确了计量管理工作中应遵循的基本原则，是计量管理的根本大法。

《中华人民共和国计量法实施细则》可操作性更强，在生活中的应用更广。包括在全国实行法定计量单位制度，制订了计量基准器具和计量标准器具、计量检定、计量器具的制造与维修、计量器具的销售和使用、计量监督、产品质量检验机构的计量认证等。

2. 计量规章、技术法规

通常把计量规章分为三大类，一是国家行政部门批准发布的，如《工业企业计量工作定级、升级办法》；二是国务院颁布的；三是各省级政府制订的。

技术法规是规定技术要求的法规，直接规定或引用包括标准、技术规范或规程的内容而提供技术要求的法规，包括国家计量检定规程、国家计量检定系统表、计量技术规范[54]。

计量检定规程是指对计量器具的计量性能、检定项目、检定条件、检定方法、检定周期以及检定结果处理所做的技术规定。由于《计量法》赋予它们具有法律效力，使其成为我国的技术法规，因此是国家法定性的技术文件[54]。

检定规程一般应包括以下内容：①标准的适用范围；②技术要求，包括计量性能、安全性、可靠性等内容；③检定条件，即检定时计量标准装置及被检计量器具所处的技术条件和环境条件；④检定方法，受检项目具体的操作方法和步骤；⑤检定结果的处理；⑥检定周期。

我国检定规程的统一代号为 JJG（汉语拼音缩写）。地方或部门计量器具检定规程的统一代号为 JJG 后面加一个带括号的地方或行业中文简称。国家检定规程的编号规则如图 3.2 所示：

电能计量方面的检定规程主要有：

JJG 307—1988 交流电能表（电度表）检定规程

JJG 596—1999 电子式电能表检定规程

JJG 597—2005 交流电能表检定装置检定规程

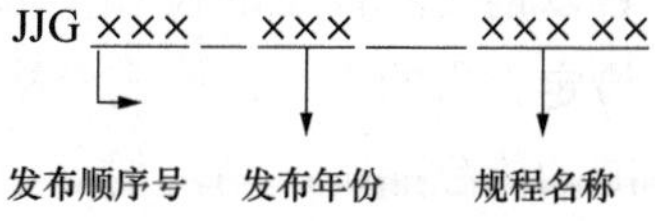

JJG ×××　×××　××× ××

发布顺序号　　发布年份　　规程名称

图 3.2　计量规程编号规则

由于电能计量直接涉及电能经济贸易结算，备受各方关注。因此，有关电能计量器具的技术标准非常繁多，有国家标准、机械工业部标准、电力工业部标准、电子工业部标准、水利电力部标准等。各部门的技术标准均以该部门汉语拼音缩写作为标准代号，标准代号后的 T 代表推荐性标准，各标准代号见表 3.1。

表 3.1　　　　　　　　各部门技术标准代号

标准代号	技　术　标　准
GB/T	国家标准（由国家质量监督检验检疫总局颁发）
DL/T	原电力工业部标准
SD/T	原水利电力部标准
JB/T	原机械工业部标准
DE/T	原电子工业部标准

以上标准大多是产品制造标准，主要用于指导产品制造和生产，在同类标准中，各部门标准的技术要求不能低于国家标准。机构改革中已取消的部门，只要其标准没有废除，仍然有效，并应作为行业自律标准。

考虑到与国际接轨，GB 标准基本等同 IEC 标准，通常将 IEC 标准翻译过来稍作调整作为 GB 标准。按照《消费者权益保护法》，产品合格与否按照 GB 标准判定。由于电能贸易结算直接关系到电力企业和消费者的利益，因此 DL 标准（电力行业标准）项目最多、最全，也是最严格的。虽然大多数标准是推荐性的，但若在该行业或该系统内强制施行，则在该行业或系统内就成为了强制性标准。

由于技术标准种类繁多，各种标准之间、标准与检定规程之间，可能存在不一致的地方，它们之间的关系如下：

（1）检定规程是技术法规，具有法律效力，是强制性的。任何标准与之矛盾，都应以检定规程为准。

（2）GB 标准是国家标准，其他标准的制订必须高于 GB 标准。

（3）厂商或者消费者检验产品是否合格的标准是 GB 标准，产品符合要求与否以消费者提出的技术要求为准。因此，合格的产品及符合要求的产品不一定是检定合格的产品，检定合格的产品不一定是符合要求的产品。例如，满足 IEC 标准的国际品牌产品，但其个别功能和参数可能与检定规程不一致，可能检定为不合格，因此检定不合格的产品不一定是伪劣产品，但伪劣产品必是检定不合格的产品。同时检定合格的产品其技术要求也不一定能满足消费者的要求。

表 3.2 给出了 15 种与电能表计量检定相关的常用技术标准。

表 3.2   **与电能计量有关常用的技术标准**

标准代号、发布序号及年份	名称	标准代号、发布顺序号及年份	名称
JJG 596—2012	电子式交流电能表检定规程	JJG 307—2006	机电式交流电能表检定规程
JJG 314—2010	测量用电压互感器检定规程	JJG 313—2010	测量用电流互感器检定规程
GB/T 17215.211—2006	交流电测量设备 通用要求、试验和试验条件 第 11 部分：测量设备	GB/T 2423.4—2008	电工电子产品环境试验 第 2 部分：试验方法 试验 Db 交变湿热（12h+12h 循环）
GB/T 17215.311—2008	交流电测量设备 特殊要求 第 11 部分：机电式有功电能表（0.5、1 和 2 级）	GB/T 20840.3—2013	互感器 第 3 部分：电磁式电压互感器的补充技术要求
GB/T 20840.3—2013	互感器第 2 部分：电流互感器的补充技术要求	GB/T 17215.322—2008	交流电测量设备 特殊要求 第 22 部分：静止式有功电能表（0.2S 级和 0.5S 级）
GB/T 17215.321—2008	交流电测量设备 特殊要求 第 21 部分：静止式有功电能表（1 级和 2 级）	GB/T 17215.323—2008	交流电测量设备特殊要求 第 23 部分：静止式无功电能表 2 级和 3 级
GB/T 16934—2013	电能计量柜	DL/T 448—2016	电能计量装置技术管理规程
DL/T 614—2007	多功能电能表	DL/T 645—2007	多功能电能表通信规则
DL/T 549—1994	电能计量柜基本试验方法	DL/T 460—2016	智能电能表检验装置检定规程

标准代号、发布序号及年份	名称	标准代号、发布顺序号及年份	名称
DL/T 725—2000	电力用电流互感器订货技术条件	DL/T 726—2000	电力用电压互感器订货技术条件
DL/T 830—2002	静止式单相交流有功电能表使用导则	DL/T 829—2002	单相感应式交流有功电能表使用导则
DL/T 668—2017	测量用互感器检验装置	DL/T 866—2015	电流互感器和电压互感器选择及计算导则
DL/T 825—2002	电能计量装置安装接线规则	DL/T 825—2002	电能计量装置安装接线规则
DL/T 698.1—2009	电能信息采集与管理系统　第1部分：总则	DL/T 1664—2016	电能计量装置现场检验规程
JJG 597—2005	交流电能表检定装置检定规程	JJG 842—2017	电子式直流电能表检定规程

3.2　OIML R46 国际建议解读

国际法制计量组织（International Organization of Legal Metrology，OIML）下属第 12 技术委员会 TC12 组织起草的一个技术文件《电能表国际建议 R46》，为新设计生产的电能表的型式提出建议，组成了法制计量的重要部分。R46 国际建议主要规定了电能表的计量要求、技术要求，以及检定方法、检定用设备和误差处理等，目的是为了确保电能表计量的准确可靠。1978 年参照 IEC 标准制订的 R46 发布，从 2002 年开始，TC12 组织各成员国以瑞典计量院 SP 为首成立工作组对其进行修编，此修编基本参照了欧洲计量指令 MID（Measuring Instrument Directive）进行，目前已发布了第六版修改稿[55]。

2002 年，中国成立了由计量与电力等方面的代表组成的电能表国际建议 R46 修改国内工作组。从 2002 年 11 月到 2006 年 3 月，国内工作组已经召开了 7 次会议，结合我国的实际情况，提出中国的修改建议。2014 年 9 月，基于 R46 的国家标准制订与修订专项研究第一次工作组会议在江苏省召开。国家电网公司、南方电网公司、各地计量检测机构与科研院所及相关企业的代表参加了本次会议。会议决定，各地应组织产学研科研小组，理解、研究、攻克技术难点，局部验证和批量试点相结合，提升产品的研发和批量生产水平，使我国的电能表产业的竞争力跻身世界前列，工作组将同步开展 R46 电能表国际建议的国家标准转化工作。

目前，电能表计量误差试验检测所依据的企业标准、检定规程和国家标准都是建立在 IEC 国际标准体系上，现行的标准和 R46 在校验方法、测试项目及要求等方面均有明显的不同。其中最大的变化是在实际运行工况下 R46 更加重视电能表的计量性能要求，例如，我国现有的电能表技术标准中对电能表计量准确度的评价是通过单一影响量（如负荷电流变化、电压变化、频率变化、电流不平衡变化等）来实施的，现有的标准技术条件和实施方法是按规定施加单一影响量来评价电能表在此单一影响量下的最大允许误差改变量[55]，而 R46 则给出了"综合最大允许误差"概念，即需要评估表计在任意工作条件下的测量误差，对电能表做出一个全面的真正的计量性能的评估。

3.2.1　计量和技术要求

R46 国际建议规定了受法制计量约束的电能表的计量和技术要求。目前，所列条款仅适用于有功电能表的型式评价、检定，周期检定及对现已有型式批准设备进行的改造。其他类型的电能表将在建议的后续版本中添加。该建议中使用的术语与《国际计量学词汇——基础和通用概念及相关术语》（VIM）及《国际法制计量术语汇编》（VIML）一致。

相对于其他电能计量法规体系，R46 国际建议在计量和技术要求部分主要存在以下不同之处：

（1）R46 提出过渡电流（transitional current）I_{tr}，指制造商生产的电能表上规定的电流值满足该电能表准确度等级对应的最大允许误差的最小电流值；

（2）R46 国际建议中，制造商可将电能表准确度等级规定为 A、B、C 以及 D 级，分别对应 IEC 标准中的 2、1、0.5S 以及 0.2S。

（3）电能表初始固有误差试验也称基本误差试验分析方法为：在对电能表进行影响量误差试验之前，以及在进行与误差极限变化要求或误差的重大故障条件相关的扰动试验之前应进行初始固有误差（在参比条件下）的确定。电能表的初始固有误差试验负载点的顺序已由 R46 国际建议规定，即从最小电流至最大电流，然后再从最大电流到最小电流[55]。对于每个试验负载点而言，产生的误差偏移应为这些测量值的平均数。对于最大电流 I_{max}，最长测量时间应为 10min，其中包括稳定时间。

（4）谐波影响下的电能计量误差试验方法：GB/T 17215 标准与 IEC 标准规定的谐波影响量试验主要考虑的是 5 次谐波，而 OIML R46 国际建议选用具有相同电压电流失真度的方顶波和尖顶波代替。因为方顶波和尖顶波的谐波成分更丰富，包含 3、5、7、11、13 次电压电流谐波，和电网实际运行状态更贴近，更能体现电能表计量抗干扰的性能。

（5）电能表计量误差单一影响量试验方法：影响电能表计量特性的单一影响量主要有电压波动、频率波动、负载不平衡、谐波、温度、湿度等，国内外通用的电能表检定试验方法也是按规定对电能表施加单一影响量，通过单一影响量下的电能表计量误差与标准规定的误差限值的差值来评估电能表的准确性，而 R46 国际建议给出了一个评估电能表综合计量误差性能的综合最大允许误差模型，对电能表进行综合最大误差检定，完成电能表的综合计量误差性能评估。

3.2.2　计量控制和性能实验

制造商应提供国家主管部门所要求数量的电能表试样，应在电能表型式试验机构选择的一个或多个试样上进行型式试验，以确定其特点，并证明其符合 R46 国际建议的要求。如果在型式试验之后或期间对电能表进行修改，并且仅对电能表的一部分产生了影响，试验机构可以对未受修改影响的特点进行有限的负载点试验。

3.2.2.1　试验程序

在开始进行任何系列试验时，应保证在对其电压电路通电的情况下电能表稳定，通电时间满足制造商规定。

初始固有误差试验点的顺序按照建议规定应是先从最小电流至最大电流，然后再从最大电流至最小电流[55]。对于每个试验点而言，产生的误差应为这些测量值的平均数。针对最大电流 I_{max}，最长测量时间应为 10min，其中包括稳定时间。

在对电能表进行影响量试验之前，以及在进行与误差极限变化要求或误差的重大故障条件相关的扰动试验之前进行固有误差（在参比条件下）的确定，可使用试验（脉冲）输出装置对准确性要求进行试验。然后必须进行试验，以确保基础计度器与所使用测试输出装置之间的关系符合制造商规定的要求。如果规定了可供选择的电能表连接方式（如适用于多相电能表的一相连接），应根据要求对所有规定的连接方式进行最大基本允许误差试验。此外，国家主管部门可以规定比各试验要求中更加严格的试验体制。

3.2.2.2　最大允许误差的符合性试验

1. 基于 R46 国际建议的电能表常数试验方法

试验时通过被检表的最小电能量 E_{min} 为

$$E_{min} = \frac{1000R}{b} (\text{W} \cdot \text{h}) \tag{3.2}$$

式中：R 为计度器的视在分辨力；b 为基本误差限，用%表示。

进一步可得所需的最短试验时间 t_{min}，由于 $E_{min}=U_n I \cos\varphi t_{min}$，由此可得：

$$t_{min} = \frac{1000R}{U_n I \cos\phi b} \tag{3.3}$$

对比 JJG596 的三种电能表常数试验方法，可知 R46 国际建议所提出的方法本质为计读脉冲法，但为了减小其他因素影响，规定了通过被检表的最小电能量，并且给出了常数试验是否满足要求的判据；文件《电能表国际建议 R46》指出，R46 国际建议不再要求在最大电流及功率因数 $\cos\varphi$（$\sin\varphi$）=1 的条件下试验，而应在 $I_{tr} \leq I \leq I_{max}$ 的任一电流点下进行；b 值应根据所选的试验点来选择，相应的 E_{min} 值也会不同；最短试验时间 t_{min} 与 R、I、$\cos\varphi$ 及 b 有关。

根据 JJG596 提出的标准表法，在参比频率、参比电压、最大电流及 $\cos\varphi$（$\sin\varphi$）=1 的条件下，应满足 $1000R/W < b/10$，则最小电能量 $E_{min}=10000R/b$，显然在同样的条件下，R46 国际建议规定的常数试验时间缩短了。R46 国际建议规定，试验应在 $I_{tr} \leq I \leq I_{max}$ 的任一电流点下进行，要求计算仪表记录的电能与由测试输出的脉冲数给出的通过仪表的电能之间的相对差，不应超过仪表基本误差限的 1/10；因此，R46 国际建议比 JJG596 提出了更严格的要求。

2. 基于 R46 国际建议的电能表潜动试验方法

试验时，电流电路应开路，电压电路应施加参比电压，辅助电源电路（若有）应施加标称电压，仪表的测试输出不应产生多于一个的脉冲。如果仪表适用于多个参比电压，应采用最高的标称电压。最短的试验时间 Δt 按式（3.4）计算：

$$\Delta t \geq \frac{100 \times 10^3}{bCmU_n I_{min}} \text{(h)} \tag{3.4}$$

R46 国际建议规定试验方法要求电压线路施加参比电压，不同于 JJG596 所规定的 1.15 倍参比电压，并给出了不同的最短试验时间 Δt 的计算公式。

3. 基于 R46 国际建议的起动试验方法

仪表在启动电流 I_{st}（对三相电能表，带平衡负载）和 $\cos\varphi$（$\sin\varphi$）=1 的条件下，能输出速率均匀的脉冲，且基本误差不超过规定的基本误差限，即认为仪表已启动。

试验步骤如下：

（1）启动仪表；

（2）使第一个脉冲在 1.5τ（s）出现；

（3）使第二个脉冲在下一个 1.5τ（s）出现；

（4）计算两个脉冲之间的有效时间；

（5）第三个脉冲应在（第二个脉冲之后的）有效时间内出现。

其中 τ 由公式（3.5）给出：

$$\tau = \frac{3.6 \times 10^6}{mCU_n I_{st}} \tag{3.5}$$

式中：I_{st} 为启动电流，单位为安培（A）；C 为电能表输出单元发出的脉冲数，imp/kWh 或 imp/kvarh，其中 imp 表示脉冲数；U_n 为参比电压，单位为伏（V）；m 为系数，对单相电能表[58]，$m=1$，对三相四线电能表，$m=3$，对三相三线电能表，$m=\sqrt{3}$。

如果被测的仪表具有双向电能计量功能，则应施加双向电能进行试验，并应考虑电能方向反向所造成的测量延时的影响。由此可知，R46 国际建议所提出的启动试验方法与 JJG596 有着明显的不同。

4. 基于 R46 国际建议的电能表基本误差试验方法

对比 R46 国际建议和 JJG596，二者在电能表基本误差试验方法的规定方面主要有以下不同：

R46 国际建议规定试验时负载点应遵守先从最小电流到最大电流，再从最大电流到最小电流的顺序。然后对于每一个试验点以两次测量的平均值作为基本误差结果；而 JJG596 要求的基本误差的测量是按照电流减小的顺序来的。

IEC 标准所规定的基本电流 I_b 和最大电流 I_{max} 被 R46 国际建议使用的转折电流 I_{tr}、起动电流 I_{st}、最小电流 I_{min} 和最大电流 I_{max} 代替，R46 国际建议给出了电能表在 $I_{st} \leqslant I \leqslant I_{max}$ 时的基本误差限。

表 3.3 给出了不同等级 R46 电能表的基本最大允许误差限值。

表 3.3　　　　　　　　　　　　　基本最大允许误差限值

测量负载点		不同等级电能表基本最大允许误差（%）			
电流值 I	功率因数	A	B	C	D
$I_{tr} \leqslant I \leqslant I_{max}$	1	±1.5	±1.0	±0.6	±0.2
	0.5（感性）/0.8（容性）	±2.5	±1.0	±0.6	±0.3
$I_{min} \leqslant I < I_{tr}$	1	±2.5	±1.5	±1.0	±0.4
	0.5（感性）/0.8（容性）	±2.5	±1.8	±1.0	±0.5
$I_{st} \leqslant I < I_{min}$	1	±2.5I_{min}/I	±1.5I_{min}/I	±1.0I_{min}/I	±0.4I_{min}/I

3.2.2.3　影响量实验

影响量试验的目的是验证由于单一影响量变化而引起电能表电能计量误差是

否满足对应等级表的误差极限值要求，验证由于任何单一影响量变化引起的误差偏移是否在表 3.4 中规定误差偏移的相应限制之内。

表 3.4　　　　　　　　　　由影响量导致的误差偏移极限

影响量	测量值	电流值	功率因数	各等级电能表误差偏移极限（%）			
				A	B	C	D
自热	电流 I_{max} 且连续	I_{max}	1/0.5L	±1	±0.5	±0.25	±0.1
负载平衡[1]	仅在一个电流回路输入电流	$I_{tr}{\leq}I{\leq}I_{max}$	1	±1.5 [2]	±1.0	±0.7	±0.3
			0.5L	±2.5	±1.5	±1	±0.5
电压变化[3]	U_{nom}（±10%）	$I_{tr}{\leq}I{\leq}I_{max}$	1	±1.0 [9]	±0.7	±0.2	±0.1
			0.5L	±1.5	±1.0	±0.4	±0.2
频率变化	f_{nom}（±2%）	$I_{tr}{\leq}I{\leq}I_{max}$	1	±0.8	±0.5	±0.2	±0.1
			0.5L	±1.0	±0.7	±0.2	±0.1
电压和电流线路谐波	方顶波、尖顶波[4]	$I_{tr}{\leq}I{\leq}I_{max}$	1	±1.0 [5]	±0.6	±0.3	±0.2
倾斜	≤3°	$I_{tr}{\leq}I{\leq}I_{max}$	1	±1.5	±0.5	±0.4	不适用
电压跌落	$0.8U_{nom}{\leq}U<0.9U_{nom}$；$1.1U_{nom}<U{\leq}1.15U<0.8U_{nom}$	$10I_{tr}$	1	±1.5 [11]	±1	±0.6	±0.3
一相或两相中断[6]	断开一相或两相	$10I_{tr}$	1	±4	±2	±1	±0.5
电流线路次谐波	次谐波等功率电流信号	$10I_{tr}$	1	±3	±1.5	±0.75	±0.5
电流线路谐波	90°相位触发	$10I_{tr}$	1	±1	±0.8	±0.5	±0.4
逆相序	任意两相互换	$10I_{tr}$	1	±1.5	±1.5	±0.1	±0.05
外部恒定磁感应[10]	与核心表面相距 30mm 处为 200mT [10]	$10I_{tr}$	1	±3	±1.5	±0.75	±0.5
交流工频	400A/m	$10I_{tr}$，I_{max}	1	±2.5	±1.3	±0.5	±0.25
辐射射频和电磁场	f=80～6000MHz，磁场强度≤10V/m	$10I_{tr}$	1	±3	±2	±1	±1
射频场感应的传导骚扰[7]	f=0.15～80MHz，幅值≤10V	$10I_{tr}$	1	±3	±2	±1	±1
交流电流电路中直流电流[8]	正弦电流、两倍幅值、半波整流；$I{\leq}I_{max}$	$I_{max}/\sqrt{3}$	1	±6	±3	±1.5	±1
高次谐波	$0.02U_{nom}$；$0.1I_{tr}$；$15f_{nom}$ 至 $40f_{nom}$	I_{tr}	1	±1	±1	±0.5	±0.5

表 3.4 说明如下：

（1）仅适用于多相和单相三线电能表。

（2）当误差在±2.5%范围内时，误差偏移可超出表中规定的数值范围。

（3）对于多相电能表，要求适用于对称电压变化。

（4）电流有效值（r.m.s.）小于等于 I_{max}，电流峰值小于等于 $1.41I_{max}$。此外，单次谐波分量的幅值，电流不得大于（I_1/h），电压不得大于（$0.12U_1/h$），其中 h 为谐波次数。表中 U_{nom} 指标称电压，f_{nom} 指标称频率。

（5）对于机电式电能表，当误差在±3.0%范围内时，误差偏移可超出表中规定的数值范围。

（6）仅适用于多相电能表。二相中断仅在使用缺相法这种连接方式时出现，这时可输送电能。要求仅适用于网络故障情况，但不适用于备用连接方式。对于仅从任一相位获得电量的多相电能表，不得为了进行本试验而中断该相的电压。

（7）射频电场感应的直接或间接传导干扰。

（8）仅适用于直接连接的电能表。若本要求适用，国家主管部门可进行确定。

（9）对于 A 级机电式电能表，本要求不适用于 $10I_{tr}$ 以下试验点。

（10）当直流磁感应强度大于 200mT 时，制造商可以增加包括报警功能的检查装置。国家主管部门可选择一个较低的磁感应强度值作为国家要求。

（11）对机电式电能表，本值加倍。

为确保将准确的电能量传递到最终用户，不仅需要量值准确可靠的装置，还需建立并完善技术法规和执行监测监督的技术机构。因此，表 3.5 给出了 R46 与国内外相关标准在电能表计量性能具体指标值方面的对比情况。

表 3.5　　　　　　　R46 与国内外相关标准在具体指标值的对比情况

内容	R46	IEC	GB	ANSI
参考电流基准	R46 提出转折电流（I_{tr}），但以 I_{max} 为参考电流基准	IEC 提出基本电流（I_b/I_n），I_b 为参考电流基准	参考 IEC	5A
潜动测试电压	U_{nom}	$1.15U_b$	$1.1U_{nom}$	额定电压±3%
温度影响测量范围	15K～23K	20K	电流线路通以额定最大电流，每一电压线路加载 1.15 倍参比电压，外表面的温升在环境温度为 40 ℃时应不超过 25K	23℃±5℃

内容	R46	IEC	GB	ANSI
电流电压谐波	方波和尖顶波	5 次谐波	5 次谐波	无明确规定
电压变化	明确了强制测量点，即 70%U_{nom}、60%U_{nom}、50%U_{nom}、40%U_{nom}、30%U_{nom}、20%U_{nom}、10%U_{nom} 和 0V，并且增加了两个测量点，电能表±2V 的测试点要求	电压范围从−20%～10% 和从+10%～+15% 时，以百分数误差表示的改变量极限为本表规定值的 3 倍	无明确规定	无明确规定
外部恒定磁场	表面积≥2000mm²	采用电磁铁的方式，要求为 1000At，并有相应图纸	无明确规定	与测试电流同频率的外部交变磁场由长度为 1.5m 的直导体产生，该直导体与其回路引线形成一个 1.5×1.5m 的正方形
辐射电磁场	频率范围：80～6000MHz	频率范围：80～2000MHz	频率范围：80～2000MHz	200kHz～10GHz
电压跌落和中断	测试 a：跌落 30%电压，持续 0.5 周期；测试 b：跌落 60%电压，持续一个周期；测试 c：跌落 60%电压，持续 25 个周期（50Hz），30 个周期（60Hz）；电压中断包括电压降低至 0%，持续 250 个周期（50Hz），300 个周期（60Hz）；电压跌落和中断需至少重复 10 次，间隔至少 10s	电压跌落包括，跌落 50%电压，持续 1min[3000/3600 周期（50Hz/60Hz）]，重复 1 次；电压中断包括电压降至 0%，持续 1 个周期（50/60Hz）	电压跌落包括跌落 1 次，跌落 50%电压，持续 1min；电压中断包括电压降至 0%，持续 1s，中断次数 3 次，间隔 50ms 或者电压降至 0%，持续 1 个周期，中断次数 1 次	电压中断：不施加电流到计量装置的电流线圈，电压完全中断 6 个工频周期时间（100ms），在不超过 10s 的时间内，应做 10 次电压中断
脉冲电压	10000V	6000V	6000V	无明确规定

此外，R46 新增了频率波动的要求，$f = 15f_{nom}\sim 40f_{nom}$，频率扫描从低频到高频，然后从高频到低频，确保整个扫描时间内能产生至少 100 个误差值；对于外部工频交流磁场，磁场大小为 1000A/m（3s），即施加强度为 1000A/m 的磁场且要求持续时间不小于 3s 要求无重大故障发生。

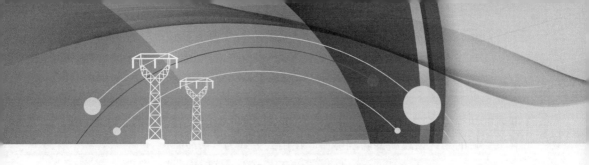

第 4 章　基于 R46 的电能表误差评定方法

近年来，电力系统中的非稳定负载逐渐增多，使得电网中的用电负荷也呈现动态特性。因此，考量动态畸变信号下，电能表计量误差是必然要求。因此，本章在分析了温度、谐波、电压波动和电磁干扰等环境因素对电能表计量误差影响的基础上，考虑了电网信号动态畸变对电能计量的影响。此外，为了能够更好探究现场工况下电能表的计量性能，确保现场运行电能表的准确性和可靠性，本章介绍了 R46 国际建议中提出的电能表综合误差模型。

4.1　计量误差的影响因素

影响电能表性能的操作环境因素主要包括气候因素（例如温度，湿度，阳光，沙土，烟雾等），电气因素（例如电压，谐波，电流等），机械因素（例如振动，冲击等）电磁干扰因素（例如电磁辐射）。考虑到电能表在实际工作条件下经常受到各种环境因素的影响，有必要研究各种综合环境因素对电能表计量性能的影响，并分析测试方法和评估技术。研究表明，从存储、运输、使用到故障的全过程，电能表产生的物理和化学变化缓慢，并且在操作环境中会受到各种气候因素，电气因素和机械因素的影响。加速原始的物理、化学反应，这会导致电能表的各种功能故障和性能下降。在工作状态下，电能表的计量性能和工作性能主要受三个因素影响：气候因素、电气因素和电磁干扰因素。

4.1.1　温度对电能计量的影响

Arrhenius 总结的温度对电能表运行可靠性影响经验如式（4.1）所示：

$$\frac{\mathrm{d}M}{\mathrm{d}t} = A\mathrm{e}^{(-E_\alpha/\mathrm{kT})} \tag{4.1}$$

其中 $\mathrm{d}M/\mathrm{d}t$ 为化学反应速率，A 为常数，E_α 为引起失效或降解过程的活化能，k 为玻尔兹曼常数，T 为绝对温度。以活化能 E_α 为参数，可以画出温度与电能表的工作可靠性之间的关系。活化能越大，与温度的关系越紧密。湿度也会影响电能表的运行可靠性。例如，国际认可的电子产品 THB（高温，高湿，偏移）测试，其主要目的是评估设备的防潮寿命。使用的公式为（4.2）：

$$t = A\exp(E_\alpha /kT) \cdot g(V) \cdot f(RH) \qquad (4.2)$$

其中 exp（E_a/kT）是 Arrhenius 模型方程式因子，f（RH）是相对湿度函数。从上式可以看出，工作条件下的温度和湿度越大，电子元件的寿命越短。因此，在测试过程中施加适当的温度和湿度可以在确定电能表对环境的适应程度方面发挥作用。

目前国际上主要的电能表标准有：由国际法定计量机构 OILM 颁布的国际建议 R46，由美国电气制造业协会颁布美国国家标准 ANSIC12.1—2014，由欧洲电气技术标准委员会颁布的欧洲标准电力计量设备部分 EN50470—2006，以及国际电工委员会 IEC 颁布的 IEC62052-11《交流电测量设备通用要求、试验和试验条件 第 11 部分：测量设备》及 IEC62053-21《电流测量设备特殊要求 第 21 部分：静态电度表（1 和 2 级）》。国家标准也有 GB/T 17215.322—2008《静止式有功电能表（0.2S 级和 0.5S 级）》等[57]。这些标准都对影响电能表误差的各种因素进行了规定，并制定了有关的测试或检定项目。在以上各标准中，均将环境温度作为一项重要影响量，给出了误差容许限值。温度对电能表的性能会产生较大的影响，在不同的温度下，电能表的性能，尤其是误差会有一定的变化，这是由电表各部件的温度特性决定的。温度对模拟信号采样电路部分有很大的影响，该部分电路主要由采样电阻、电流互感器、计量芯片等组成，而温度对采样电阻的阻值、电流互感器的比差和相位差以及计量芯片的基准电压 V_{ref} 都有不同程度的影响，进而影响计量的精度。

首先，分析温度对采样电阻的影响。根据电阻随温度的变化关系：

$$R_1 = R \times [1 + \alpha \times (T - T_0)] \qquad (4.3)$$

式中 R 为标准阻值；α 为温度系数；T_0 为与标准阻值相对应的温度值，单位为 K；T 为实际温度值。考虑到采样电阻温漂对电压采样的影响，在 MATLAB/Simulink 里自定义了一个阻值随温度变化的变电阻模块，建立阻值随温度变化的电阻模型，该模型属于一种物理模型，输入量为温度 T，输出量 R 为相应的电阻值，可用于电压采样通道，也可用于电流采样通道。如图 4.1 所示：

其次，温度对电流互感器的影响。一般电流互感器的设计使用温度为–40℃～+80℃，相对湿度小于 90%，但在温度范围内互感器的参数还是会有一定变化的，因为互感器用于电流采样通道中，所以会对整表的误差造成影响。

温度对计量芯片的影响。温度主要影响计量芯片的基准电压 u_{ref} 的温度系数 T_C，进而影响到精度。基准电压 u_{ref} 由本身的模拟特性和数字补偿两部分构成，行业内主流的计量芯片有矩泉的 ATT70XX 和 HT70XX 系列，其基准的典型值为 0.01‰/℃，最大值在 0.015‰/℃ 以内，ADI 的 78XX 系列芯片，其基准的典型值为 0.01‰/℃，最大值为 0.05‰/℃。为保证基准的精度，高等级的电能表一般会在计量芯片外部接专用的基准芯片，其温度系数小于 0.005‰/℃。

图 4.1　考虑温度影响的电阻元件

4.1.2　谐波对电能计量的影响

非线性负荷和分布式新能源发电接入带来的谐波对电能的准确计量造成误差，为分析其影响[58]，需先分析总结非线性负荷和分布式新能源与电能计量误差相关的特征成分。

首先，对于分布式光伏，由于分布式光伏发电系统采用逆变器作为并网接口，受逆变器的固有特性及开关频率影响，发电站会向电网注入大量的宽频域及高频次的谐波成分，造成电网信号发生畸变。基于三相 PWM 并网逆变器的模型，控制策略采用功率外环、电流内环的双环控制。其电路拓扑结构如图 4.2 所示：

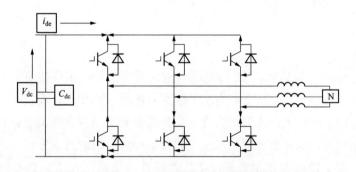

图 4.2　光伏并网逆变器模型

理论条件下，三相逆变电路的桥臂开关动作无延时，严格执行通断操作。然而实际条件下，三相逆变电路的桥臂开关动作不可能严格执行通断操作，桥臂开关的开通和关断都有一定的延时。当原导通开关还未完成关断操作时，若截止功率开关已经开通，则电路发生短路。因此需要对桥臂开关的开通和关断增加延时以避免桥臂短路现象。

由于谐波不取决于桥壁开关的通断延时，A 相逆变电路的输出电压如下：

$$U_A = -\frac{E_d}{2}a\cos(\omega_1 t + \varphi) + \frac{4}{\pi}Nf_1T_dE_d\sum_{k=0}^{\infty}\frac{(-1)^k}{2k+1}[\cos(2k+1)\omega_1 t] \tag{4.4}$$

同理可得 B 相的输出电压：

$$U_B = -\frac{E_d}{2}a\cos\left(\omega_1 t + \varphi - \frac{2\pi}{3}\right) + \frac{4}{\pi}Nf_1T_dE_d\sum_{k=0}^{\infty}\frac{(-1)^k}{2k+1}\cos\left[(2k+1)\left(\omega_1 t - \frac{2\pi}{3}\right)\right] \tag{4.5}$$

可得输出线电压为：

$$U_{AB} = U_A - U_B = AE_d\sin\left(\omega_1 t - \frac{2\pi}{3} + \beta\right)$$
$$+ \frac{4\sqrt{3}}{\pi}Nf_1T_dE_d\sum_{k=0}^{\infty}\left\{\frac{1}{6k-1}\sin\left[(6k-1)\left(\omega_1 t - \frac{\pi}{3}\right)\right] - \frac{1}{6k+1}\sin\left[(6k+1)\left(\omega_1 t - \frac{\pi}{3}\right)\right]\right\}$$
$$\tag{4.6}$$

其中
$$A = \sqrt{\left(\frac{\sqrt{3}}{2}a\right)^2 - \sqrt{3}a\cos\varphi\frac{4\sqrt{3}}{\pi}Nf_1T_d + \left(\frac{4\sqrt{3}}{\pi}Nf_1T_d\right)^2} \tag{4.7}$$

$$\beta = \arctan\left(\frac{\sqrt{3}}{2}a\sin\varphi \Big/ \frac{\sqrt{3}}{2}a\cos\varphi - \frac{4\sqrt{3}}{\pi}Nf_1T_d\right) \tag{4.8}$$

忽略式（4.6）的后半项，则基波量如下：

$$U_{AB} = AE_d\sin\left(\omega_1 t - \frac{2\pi}{3} + \beta\right) \tag{4.9}$$

从式（4.9）可以看出，在 $T_d=0$ 的理想情况下，输出电压幅值为 $\sqrt{3}aE_d/2$，实际情况下，输出电压幅值会随着功率因数 φ 的增大而增大，在基波频域，存在 5，7，11，13，…的低奇次波形失真。实际逆变器电路存在开关通断延时，且桥壁开关存在死区，因此基波输出电压中包含了一定量的谐波成分。

其次，对于铁磁饱和型负荷，非线性特性产生原因在于其铁心绕组电路。当忽略磁滞特性和铁心饱和状态的时候，励磁回路呈现线性特征；当铁心逐渐饱和后，励磁回路非线性特性逐渐明显，表现在所加电压为正弦电压时，励磁回路电流发生畸变，包含一定量的谐波成分。单相三绕组自耦变压器作为典型的铁磁饱和型负荷，其系统结构如图 4.3 所示。

另外，图 4.3 为三绕组自耦变压器系统结构。三绕组自耦变压器包括高压、中压和低压部分绕组，该自耦变压器的最大特点是高压绕组和中压绕组具有电磁

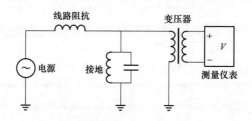

图 4.3　单相三绕组自耦变压器系统结构

关系，因为高压侧绕组包含高压绕组。中压侧绕组，即普通绕组，当励磁电流流过高压绕组时，产生的磁通量也相同，与中压侧绕组不同，在中压侧绕组之后，自耦变压器的低压侧绕组是相对独立的，因此当励磁电流流动时，低压绕组和中压绕组以及高压绕组之间仅存在磁通量关系。低压绕组在自耦变压器结构中的作用主要是补偿无功功率的同时滤除谐波的影响。

基于上述对自耦变压器模型的分析，本节所研究的单相三绕组自耦变压器的等效电路如图 4.4 所示。

图 4.4 中，U_1、I_1 为外施电压和电流；U_2、I_2 为中压绕组电压和电流；U_3、I_3 为低压绕组电压和电流；I 为公共绕组中的电流；E_1、E_2、E_3 分别表示高压绕组电势、中压绕组电势和低压绕组电势，E_c 表示串联绕组的电势；Z_c、Z_2、Z_3 分别表示串联绕组漏阻抗、中压绕组漏阻抗以及低压绕组的漏阻抗。图 4.4 中包含的各电路量均为正方向。

通过基尔霍夫定理，可推导单相三绕组自耦变压器的基本方程如式（4.10）所示：

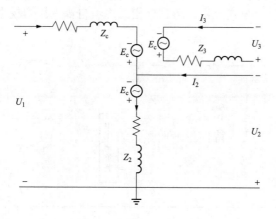

图 4.4　单相三绕组自耦变压器电路

$$\begin{cases} U_1 = -E_c - E_2 + I_1 Z_c + I Z_2 \\ U_2 = E_2 - I Z_2 \\ U_3 = E_3 - I_3 Z_3 \\ I = I_1 + I_2 \\ E_1 = E_c + E_2 \end{cases} \quad (4.10)$$

自耦变压器变比为：

$$K_{12} = \frac{E_1}{E_2} = \frac{N_1}{N_2} = \frac{N_c + N_2}{N_2} \quad (4.11)$$

$$K_{13} = \frac{E_1}{E_3} = \frac{N_1}{N_3} = \frac{N_c + N_2}{N_3} \quad (4.12)$$

依据全电流定律，根据磁势平衡关系有：

$$I_0 N_1 = I_1 N_c + I N_2 + I_3 N_3 \quad (4.13)$$

则：

$$I_0 = I_1 + I_2' + I_3' \quad (4.14)$$

在式（4.14）中，分别将中压侧电流 I_2 以及低压侧电流 I_3 换算到高压侧，即可得到 I_2'、I_3'。

以此类推，分别换算中压侧电压 U_2 以及低压侧电压 U_3，即可得到高压侧电压 U_2'、U_3'，若将激磁电流 I_0 略去，可得到如下公式：

$$0 = I_1 + I_2' + I_3' \quad (4.15)$$

则有：

$$\begin{cases} U_1 + U_2' = I_1[Z_c + (1-K_{12})Z_2] - I_2' K_{12}(K_{12}-1)Z_2 = I_1 Z_1 - I_2' Z_2' \\ U_1 + U_3' = I_1[Z_c + (1-K_{12})Z_2] - I_3'(K_{12}Z_2 + K_{13}Z_3) = I_1 Z_1 - I_3' Z_3' \end{cases} \quad (4.16)$$

因此，基于以上公式分析，得到单相三绕组自耦变压器模型等效电路图如图 4.5 所示：

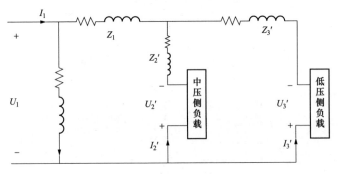

图 4.5 单相三绕组自耦变压器等效电路

在图 4.5 中，无法直接得到 Z_1、Z_2'、Z_3' 的值，因为 Z_1、Z_2'、Z_3' 是组合电抗。根据变压器的短路试验，我们可以分别得到变压器高中压侧的阻抗值 Z_{12}、变压器高低压侧的阻抗值 Z_{13} 以及变压器中低压侧的阻抗值 Z_{23}，又因为 Z_1、Z_2'、Z_3' 互相相加后分别表示变压器高中压侧、高低压侧以及中低压侧的阻抗值，因此变压器组合阻抗可以用式（4.17）计算得到：

$$\begin{bmatrix} Z_1 \\ Z_2' \\ Z_3' \end{bmatrix} = \begin{bmatrix} 0.5 & 0.5 & -0.5 \\ 0.5 & -0.5 & 0.5 \\ -0.5 & 0.5 & 0.5 \end{bmatrix} \begin{bmatrix} Z_{12} \\ Z_{13} \\ Z_{23} \end{bmatrix} \tag{4.17}$$

本节所分析的单相三绕组自耦变压器模型基于 Matlab/simulink 搭建，通过式（4.16）和式（4.17）计算获得自耦变压器各绕组漏阻抗计算公式如式（4.18）所示，建模时通过设置模块参数即可：

$$\begin{bmatrix} Z_c \\ Z_2 \\ Z_3 \end{bmatrix} = \begin{bmatrix} 1 & (K_{12}-1)^2 & 0 \\ 1 & 1 & K_{13}^2 \\ 0 & K_{12}^2 & K_{13}^2 \end{bmatrix} \begin{bmatrix} Z_{12} \\ Z_{13} \\ Z_{23} \end{bmatrix} \tag{4.18}$$

对于电力电子式开关负载，例如，采用单相串联励磁电动机的开关控制。开关控制方法改变了晶闸管的导通和关断时间，并改变了导通和关断电路的周期数。接通和断开周期的比率越大，电动机负载消耗的功率就越大，电动机速度就越快。由于控制方法不同，因此开关控制电路的谐波特性也与相移控制方法不同。相移控制电压调节方法的输出电压和电流信号会严重失真，即包含更多的低阶谐波分量。开关控制电压调节方法的输出电流包括分数谐波分量。

接下来以单相纯电阻负载为例进行研究。

设电源电压角频率为 ω_0，有：

$$e = E_m \sin \omega_0 t = \sqrt{2} E \sin \omega_0 t \tag{4.19}$$

设定晶闸管导通关断时间分别为 N 个电源周期与 $M{-}N$ 个电源周期，则通断控制周期为 M。很显然，纯电阻负载的电压电流周期为电源周期的 M 倍大小，可知晶闸管总电流角频率为电源角频率的 $1/M$。

设其重复角频率为 ω，则

$$\omega = \frac{\omega_0}{M} \tag{4.20}$$

因此在晶闸管导通周期内，电源电流公式表示如下：

$$i = \sqrt{2}I_0 \sin \omega_0 t = \sqrt{2}I_0 \sin M \omega t \qquad (4.21)$$

对电源信号进行傅里叶分析时基准频率也为 ω，这是由于复角频率为 ω，所以可得傅里叶系数为：

$$a_{in} = \frac{\sqrt{2}I_0}{\pi} \frac{M}{M^2 - n^2} \left(1 - \cos \frac{2\pi nN}{M}\right) \qquad (4.22)$$

$$b_{in} = \frac{\sqrt{2}I_0}{\pi} \frac{M}{M^2 - n^2} \left(-\sin \frac{2\pi nN}{M}\right) \quad (n \neq M) \qquad (4.23)$$

可得：

$$I_n = \frac{1}{\sqrt{2}} \sqrt{a_{in}^2 + b_{in}^2} = \frac{2I_0 M}{\pi(M^2 - n^2)} \sin \frac{\pi nN}{M} \quad (n \neq M) \qquad (4.24)$$

当 $1 \leqslant n < M$ 时，电源电流的谐波频率为：

$$\omega \leqslant n\omega < M\omega \qquad (4.25)$$

电源电流的谐波频率对于电源频率来说，就是次谐波，也就是小于电源频率的分数次谐波。

当 $n = M$ 时，不能直接应用式（4.22）的结果，由傅里叶系数计算的基本公式可得：

$$a_{in} = a_{iM} = \frac{1}{\pi} \int_0^{\frac{2\pi N}{M}} i(\omega t) \cos M \omega t d(\omega t) \qquad (4.26)$$

$$b_{in} = b_{iM} = \frac{1}{\pi} \int_0^{\frac{2\pi N}{M}} i(\omega t) \sin M \omega t d(\omega t) = \sqrt{2}I_0 \frac{N}{M} \qquad (4.27)$$

故：

$$I_M = \frac{1}{\sqrt{2}} \sqrt{a_{iM}^2 + b_{iM}^2} = I_0 \frac{N}{M} \qquad (4.28)$$

由式（4.28）可知，电源电流所包含的同频分量（同电源频率）与电源电压相角一致，同频分量有效值大小是晶闸管导通时的有效值的 N/M 倍。

若 $n > M$，则表示高次谐波（即频率大于电源电流频率）中成分没有整数次谐波，只含有分数次电源频率的谐波分量。

$$n = \frac{M}{N}k \qquad (k = 1,2,3,\cdots 且 k \neq N) \qquad (4.29)$$

从（4.24）中可以看出，只要满足式（4.29），则该次谐波分量为零。因此，电流中不包含整数次电源频率的谐波分量以及满足式（4.29）的分数倍电源频率谐波成分，即含量均为零。以 $M=3$，$N=2$ 为例，这种情况下不包含 $n=6$、9、12 等次谐波，因为与电源频率相比，其谐波频率倍数分别为 2 次、3 次、4 次；以 $M=4$，$N=2$ 为例，这种情况下不包含 $n=2$、6、8、10 等次谐波，因为与电源频率相比，其谐波频率倍数分别 1/2、3/2、2 和 5/2 次等。

此外还可以证明，在 M 和 N 的某些特定取值下，有可能次谐波电流的成分比电源频率电流成分还要多；但是高于电源频率的谐波电流分量永远要高于电源频率电流成分。

基于非线性负荷与分布式光伏的谐波仿真信号分析，结合谐波测量标准波形，总结谐波特征如表 4.1 所示。

表 4.1　　　　　　　　　　　　谐 波 特 征 总 结

负荷类型	铁磁饱和型负荷	电力电子开关型负荷	电弧炉负荷	分布式光伏
谐波特征	3、5、7 次谐波为主，少量间谐波	10、20、30、40、60、70Hz 间谐波	3、5、7 次谐波为主	$6k\pm1$ 次谐波
标准谐波类型	基波叠加单次谐波	方波	尖顶波	
谐波特征	任一单次谐波	3、5、7、11、13 次谐波	3、5、7、11、13 次谐波（相位不同）	

由表 4.1 可知，除电力电子开关型负荷的间谐波信号外，R46 国际建议中提出的方波和尖顶波信号波形基本涵盖了本文所述非线性负荷和分布式光伏的特征谐波类型，且方波和尖顶波信号除所叠加谐波的相位参数有所区分，包含谐波次数完全相同，还可用于谐波相位对电能计量的仿真实验研究。方波和尖顶波波形及参数设置如表 4.2 和表 4.3 所示，其波形图如图 4.6 和图 4.7 所示。

表 4.2　　　　　　　　　　　　方 波 参 数 设 置

谐波次数	电流幅值	电流相位角	电压幅值	电压相位角
1	100%	0°	100%	0°
3	30%	0°	3.8%	180°
5	18%	0°	2.4%	180°
7	14%	0°	1.7%	180°
11	9%	0°	1.0%	180°
13	5%	0°	0.8%	180°

表 4.3　　　　　　　　　　　　尖顶波参数设置

谐波次数	电流幅值	电流相位角	电压幅值	电压相位角
1	100%	0°	100%	0°
3	30%	180°	3.8%	0°
5	18%	0°	2.4%	180°
7	14%	180°	1.7%	0°
11	9%	180°	1.0%	0°
13	5%	0°	0.8%	180°

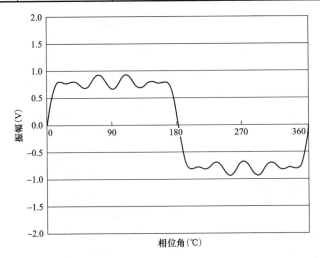

图 4.6　方波波形

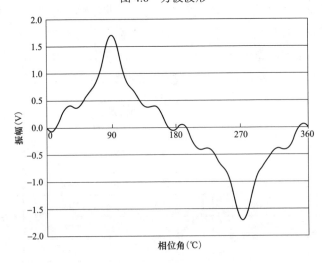

图 4.7　尖顶波波形

谐波条件下模拟电能表误差特性：

考虑谐波输入下三角波比较型 TDM 的调制误差。设三角波比较型 TDM 两输入量均为 h 次谐波，其中，$u = \sqrt{2}A_h\sin(\omega_h t)$，$i = \sqrt{2}B_h\sin(\omega_h t + \theta_h)$，$A_h$ 和 B_h 为两输入信号有效值，$\omega_h = 2\pi h f$，f 为基波频率，θ_h 为 h 次谐波相位差。设三角波调制信号频率为 F，取 $n=F/f$ 即为基波在一个工频周期内被分割的份数，则 $n_h=n/h$ 为 h 次谐波被分割的次数。

（1）h 次谐波功率计量值：

对 h 次谐波而言，取其中第 k 份为：

$$U_k = \frac{n_h}{2\pi}\int_{\frac{2(k-1)\pi}{n_h}}^{\frac{2k\pi}{n_h}} u\, d(\omega_h t) = \frac{n_h A_h}{\sqrt{2}\pi}\left[\cos\frac{2(k-1)\pi}{n_h} - \cos\frac{2k\pi}{n_h}\right] \tag{4.30}$$

$$I_k = \frac{n_h B_h}{\sqrt{2}\pi}\left\{\cos\left[\frac{2(k-1)\pi}{n_h} + \theta_h\right] - \cos\left(\frac{2k\pi}{n_h} + \theta_h\right)\right\} \tag{4.31}$$

第 k 份功率为 $P_k=U_k I_k$，则在 2π 周期内瞬时功率的平均值为：

$$P_h = \frac{1}{n_h}\sum_{k=1}^{n_h} P_k = \frac{n_h A_h B_h}{2\pi^2}\sum_{k=1}^{n_h}\left\{\left(\cos\frac{2(k-1)\pi}{n_h} - \cos\frac{2k\pi}{n_h}\right)\cdot\left[\cos\left(\frac{2(k-1)\pi}{n_h} + \theta_h\right) - \cos\left(\frac{2k\pi}{n_h} + \theta_h\right)\right]\right\}$$

$$= \frac{n A_h B_h \cos\theta_h}{2h^2\pi^2}\sum_{k=1}^{n}\left[\cos\frac{2(k-1)h\pi}{n} - \cos\frac{2kh\pi}{n}\right]^2 \tag{4.32}$$

（2）h 次谐波功率计量误差：

$P_{sh} = A_h B_h \cos q_h$ 为第 h 次谐波功率的理论值，记为：

$$K_h = \frac{n}{2h^2\pi^2}\sum_{k=1}^{n}\left[\cos\frac{2(k-1)h\pi}{n} - \cos\frac{2kh\pi}{n}\right]^2 \tag{4.33}$$

所以 h 次谐波条件下的计量误差表达式为：

$$e_h = \frac{P_h - P_{sh}}{P_{sh}} = \frac{P_h}{P_{sh}} - 1 = K_h - 1 \tag{4.34}$$

其中，K_h 为 h 次谐波功率计量值与理论值的误差比例系数，该值仅与谐波次数和调制信号频率有关。

则基波叠加多次谐波时的计量误差表达式为：

$$e_p = \frac{\displaystyle\sum_{h=1}^{N}(P_h - P_{sh})}{\displaystyle\sum_{h=1}^{N} P_{sh}} \tag{4.35}$$

由式（4.35）可知，在同一谐波信号下，调制频率越高，谐波相对于调制波越接近于直流信号，误差越小，即 K_h 越接近于 1；在同一调制波频率下，谐波次数越高，TDM 计量误差越大。

对于谐波下数字式电能表误差，数字式电能表根据电压和电流的 A/D 采样值进行功率计算，在谐波条件下采用快速傅立叶变换算法进行电能计量。在工频情况下，A/D 采样的误差几乎可以忽略，数字乘法器由于位数的不断增加其引起的计量误差也可以忽略，因此谐波条件下数字式电能表的计量误差主要来自快速傅里叶变换过程。傅里叶变换是时域和频域相互转化的工具。从物理意义上讲，傅里叶变换的实质是把时域波形分解成为许多个不同频率的正弦波的叠加。因此，可以把对原函数的研究转化为对其傅里叶变换的研究。

傅里叶变换基本概念如下，设 $f(t)$ 在实轴 R 上是以 2π 为周期的函数，且在（0，2π）上平方可积，即满足式：

$$\left(\frac{1}{2\pi}\int_0^{2\pi}|f(t)|^2\,\mathrm{d}t\right)^{1/2}<\infty \tag{4.36}$$

记全实轴上以 2π 为周期且在（0，2π）上平方可积的函数全体组成的空间为 L^2（0，2π）。则对于 $f(t)\in L^2$（0，2π），其傅里叶级数可以表示为：

$$f(t)=\sum_{k=-\infty}^{\infty}c_k e^{ikt} \tag{4.37}$$

其中，$c_k=\frac{1}{2\pi}\int_0^{2\pi}f(t)e^{-ikt}\mathrm{d}t$，称其为 $f(t)$ 的傅里叶系数。

对于 $f(t)\in L^2$（0，2π），称 $F(\omega)=\int_{-\pi}^{\pi}e^{-i\omega t}f(t)\mathrm{d}t$ 为 $f(t)$ 的傅里叶变换。

$F(\omega)$ 的逆傅里叶变换则定义为：

$$f(t)=\frac{1}{2\pi}\int_{-\infty}^{\infty}e^{i\omega t}f(\omega)\mathrm{d}\omega \tag{4.38}$$

在此基础上，对某一有限长序列 $x(n)$（$0\leq n\leq N-1$）进行离散傅里叶变换时，一共需要进行 N^2 次乘法，离散傅里叶变换的冗繁计算在一定程度上影响了它的实用价值，快速傅里叶变换（FFT）是对离散傅里叶变换（DFT）改进后的一种快速算法，它主要利用 W^{nk} 的周期性和对称性，把 N 点 DFT 运算分解为 $N/2$ 点的 DFT 运算，然后取和，从而大大减少了 DFT 的运算次数，节省了工作时间。

傅里叶变换法是研究和分析谐波畸变的有效方法。通过傅里叶分解可以对畸变波形的各个分量分别进行分析，一般来说，非正弦周期函数 $f(t)$ 如果满足狄利赫里条件，就能够展开成三角函数级数。其傅里叶级数的展开式为：

$$f(t) = \frac{1}{2}a_0 + \sum_{h=1}^{\infty}[a_h\cos(h\omega_0 t) + b_h\sin(h\omega_0 t)]$$

$$= c_0 + \sum_{h=1}^{\infty}c_k\sin(h\omega_0 t + \phi_h) \tag{4.39}$$

其中，

$$\omega_0 = 2\pi/T \tag{4.40}$$

$$c_0 = a_0/2 \tag{4.41}$$

$$c_h = \sqrt{a_h^2 + b_h^2} \tag{4.42}$$

$$\phi_h = \arctan(a_h/b_h) \tag{4.43}$$

理论分析表明，由一组 $\cos(h\omega_1 t)$ 和 $\sin(h\omega_1 t)$ （$h=0$，1，2，…）组成的函数组为完备的正交函数组。根据正交函数组的性质，可以得出傅里叶级数的系数为：

$$a_0 = \frac{2}{T}\int_{-T/2}^{T/2}f(t)\mathrm{d}t \tag{4.44}$$

$$a_h = \frac{2}{T}\int_{-T/2}^{T/2}f(t)\cos(h\omega_0 t)\mathrm{d}t \tag{4.45}$$

$$b_h = \frac{2}{T}\int_{-T/2}^{T/2}f(t)\sin(h\omega_0 t)\mathrm{d}t \tag{4.46}$$

式（4.39）表明，非正弦周期函数展开成傅里叶级数以后，各正弦、余弦函数分量的频率是基波频率的整数倍。显然这些分量的幅值和初相角取决于周期函数的波形。

从式（4.45）和式（4.46）可以看出，各分量的幅值 a_k、b_k、c_k 和初相角 Φ_k 都是 $h\omega_0$ 的函数。如果把 c_k 作为纵坐标，$h\omega_0$ 作为横坐标，就可以得到信号的幅值频谱图，从而直观地看出各个频率分量的相对大小。同理，可以画出各个分量初相角 Φ_k 和频率 $h\omega_0$ 的关系，作出信号的相位频谱图。

由 FFT 的推导过程可以得出以下结论：对于基波和整数次谐波，FFT 能够实现精确的分析和检测，对于包含间谐波的条件下，由于 FFT 分析窗长已经确定，不能调整，所以分辨能力较差，难以辨识出间谐波成分的参数，无法对其进行测量；同时，由于电网系统中的电压、电流并非一成不变的，在新信号采样过程中对电压、电流信号很难保持同步采样，直接对非同步采样信号进行 FFT 分析会造成信号幅值，相位等参数计算不准确，由此对电能的计量产生较大的误差。

4.1.3　电压波动对电能计量的影响

供电电压在两个相邻的、持续 1s 以上的电压均方根值 U_1 和 U_2 之间的差值，称为电压变动，供电系统总负荷或部分负荷改变，导致供电电压偏离标准电压，都会引起电压变动。电压波动是一系列电压变动或连续的电压偏差，电压波动值为电压方均根值的两个极值 U_{max} 和 U_{min} 之差 ΔU，常以其标称电压的百分数表示其相对百分值，即 [59]：

$$d = \frac{U_{max} - U_{min}}{U_N} \times 100\% \qquad (4.47)$$

电压波动常会引起许多电工设备不能正常工作，尤其是对电力计量装置的正确计量造成影响，增大计量误差。

无论是基于时分割乘法器的模拟式电能表，还是基于数字乘法器的数字式电能表，在对电压、电流信号进行计算得到瞬时功率后，都需要接入电能累计模块进行瞬时功率的积分。为达到较好的功率稳定性，一般会选取较长的功率积分时间窗口，如 1～2s。在稳态条件下，这种时间积分窗口一般可以达到较好的误差稳定性。但当输入信号快速波动时，瞬时功率的相应波动会导致在较长的功率积分时间窗口内，电能计量不能及时响应瞬时功率的变化，导致积分时间内的功率累计产生误差。

对于单相电能表，R46 国际建议要求需验证由电压改变引起的电能计量误差是否满足相应计量准确度的要求。而对于多相电能表，需验证由一相或者两相中断时引起的电能计量误差是否满足计量准确度的要求。如果规定标称电压值，针对每个标称电压值，重复进行试验。应至少在功率因数为 1 和 0.5，电流为 10 倍转折电流，电压为 0.9 倍标称电压和 1.1 倍标称电压的条件下进行试验。

4.1.4　电磁干扰对电能计量的影响

形成电磁干扰的三个基本要素：电磁干扰源，耦合路径或传输通道以及敏感设备。根据电磁波传播的不同方式，电磁干扰可分为两种：传导干扰和辐射干扰。传导干扰主要是指电磁波通过导电介质或公共电源线对设备运行的干扰。辐射干扰是指电磁波将干扰整个空间，耦合到电网或电子设备会影响其正常运行。对应于电磁干扰的两种方式，灵敏度分为传导灵敏度和辐射灵敏度 [60]。

电能表作为计量和电费结算的测量工具，不仅需要准确，稳定的测量性能，而且还要求产品具有强大的抗电磁干扰能力，以确保在任何情况下都能正确、可靠地使用电信息。目前大部分电能表都是采用单芯片技术设计的，而单芯片结构易受到电磁干扰。当受到电磁干扰，电能表可能会发生故障或性能下降。

以微电子电路为基础实现电能计量的电子式电能表，对于外界干扰较敏感，一旦失效就可能导致电能表不运行。因此，明确电磁干扰对提高电子式电能表以确保电能表的准确与量值一致具有重要意义。

此外，随着电力事业的科技进步，电网自动化和智能化的全面改革，智能电能表已逐渐普及。然而，智能电能表内置大量电子元件，电磁干扰易使得电子元件的灵敏度遭到破坏。

4.2　信号动态畸变对电能计量误差的影响

近年来，电力系统中的不稳定负载逐渐增加，因此电网中的负载也表现出动态特性。这些负载的电流和功率因数是动态变化的，因此消耗的功率也会动态波动[61]。

风能 1 太阳能和潮汐能等能源（例如新能源和电动汽车）持续连接到电网，所产生的电流还具有较大的动态特性。因此，考虑动态失真信号，深入研究信号动态畸变对电能计量误差的影响是必然趋势。

4.2.1　动态信号介绍

在考量动态信号畸变对电能计量误差影响时，测试信号的模型十分重要。工况下电能表的动态误差测试会存在如下问题：①实际电网的动态负荷变化是一种随机过程，在有限的试验时间内，不可能出现所有动态负荷变化的模式与状态（简称：模态），因而动态误差测试评定不具有完备性；②电网工况下动态负荷的变化使电能表的测试激励不具有可控性，从计量学角度，动态误差的测量不具有重复性，不能够重复对比电能表的动态误差特性；③不能方便地实现动态电能测量的量值溯源和电能表的动态误差溯源。

由于上述原因，电能表的动态误差特性测试必须使用具有普适性的测试激励信号来评定电能表的动态误差和误差的变化特性。在研究分析电能表的动态误差特性时，输入的激励信号应当为确定型（需包含多种模态）和随机型（需遍历各种模态）两大类，确定型可分为：①周期性的：正弦周期输入、矩形周期输入、复杂周期输入；②非周期性的：阶跃输入、冲击输入、其他瞬变输入。随机型测试激励是未来需要研究的重要问题[62]。

针对测量对象可能存在变化的量主要有三个：幅值、频率、相角（功率因数），可将动态信号分为变幅值动态信号、变频率动态信号和变相角（功率因数）动态信号。

变幅值动态信号的典型测试信号有正弦包络工频信号和梯形包络工频信号等动态信号模型。对于正弦包络工频信号，其时域表达式为：

$$i(t) = I_m \left[\frac{1}{2} + \frac{m_A}{2} \sin(2\pi f_1 t) \right] \sin(2\pi f_c t) \tag{4.48}$$

式（4.46）中 f_c 为工频频率（周期为 T_c）；$0.5(1+m_A)I_m$ 为电流信号的最大幅值；m_A 为调幅系数，满足 $m_A \leqslant 1$；f_1 为激励电流正弦包络的调制频率，为了控制与分析方便，设定其约束条件为 $f_1 = f_c/N$，$N \in Z$，$N \gg 1$。式（4.48）中包络的调制周期为 $T_1 = 1/f_1 = NT_c$，该周期即为激励电流信号的周期。在电流周期 T_1 内，计算电流有效值，得出正弦包络激励电流的有效值为：

$$I_{\max} = \frac{I_m}{2\sqrt{2}} \sqrt{1 + \frac{m_A^2}{2}} \tag{4.49}$$

通过改变参数 I_m、m_A 和 f_1 的值，可以产生测试电能表动态误差的长时动态负荷模式。

图 4.8（a）中给出 $I_m=1$、$m_A=0.8$、$f_1=5Hz$ 和 $f_c=50Hz$ 条件下激励电流信号 $i(t)$ 和对应的瞬时功率信号 $p(t)$ 的波形，对该两种信号分别做傅里叶变换（正变换前具有 $1/2\pi$ 系数），得到激励电流信号的频谱表达式为：

$$I(\omega) = \frac{I_m}{2} \left\{ \begin{array}{l} \dfrac{m_A}{4} \delta[\omega-(\omega_c-\omega_1)] - \dfrac{j}{2}\delta(\omega-\omega_c) - \dfrac{m_A}{4}\delta[\omega-(\omega_c+\omega_1)] + \\[2mm] \dfrac{m_A}{4}\delta[\omega+(\omega_c-\omega_1)] + \dfrac{j}{2}\delta(\omega+\omega_c) - \dfrac{m_A}{4}\delta[\omega+(\omega_c+\omega_1)] \end{array} \right\} \tag{4.50}$$

瞬时功率信号的频谱表达式为：

$$P(\omega) = \frac{U_m I_m}{4} \left\{ \begin{array}{l} \delta(\omega) - \dfrac{m_A}{2}j\delta(\omega-\omega_1) - \dfrac{1}{2}\delta(\omega-2\omega_c) - \\[2mm] \dfrac{m_A}{4}j\delta[\omega-(2\omega_c-\omega_1)] + \dfrac{m_A}{4}j\delta[\omega-(2\omega_c+\omega_1)] + \\[2mm] \dfrac{m_A}{2}j\delta(\omega+\omega_1) - \dfrac{1}{2}\delta(\omega+2\omega_c) + \\[2mm] \dfrac{m_A}{4}j\delta[\omega+(2\omega_c-\omega_1)] - \dfrac{m_A}{4}j\delta[\omega+(2\omega_c+\omega_1)] \end{array} \right\} \tag{4.51}$$

两种频谱（仅正频谱）的模对应的图形如图 4.8（b）所示。

对于梯形包络工频信号，为了解决量程频繁变化所产生的问题，例如变化不及时、内部补偿参数选择混乱等，需要将电流的变化在某个位置上保持相对而言比较长的时间。对于一个调制周期内的梯形包络窗函数，其表达式为：

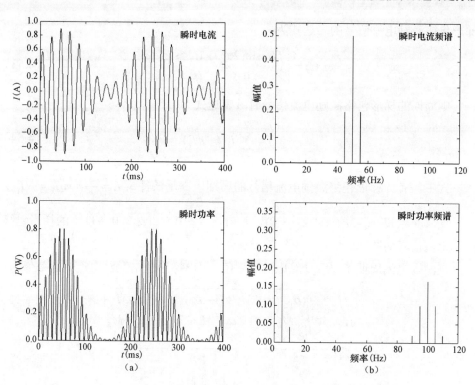

图 4.8　正弦包络激励电流信号和瞬时功率信号波形及其频谱

$$f(t)=\begin{cases} I_m\dfrac{\alpha_1-\alpha_0}{t_1-t_0}t & (t_0\leqslant t<t_1) \\[2mm] I_m\alpha_1 & (t_1\leqslant t<t_2) \\[2mm] I_m\left[\dfrac{1-\alpha_1}{t_3-t_2}(t-t_2)+\alpha_1\right] & (t_2\leqslant t<t_3) \\[2mm] I_m & (t_3\leqslant t<t_4) \\[2mm] I_m\left[\dfrac{\alpha_1-1}{t_5-t_4}(t-t_4)+1\right] & (t_4\leqslant t<t_5) \\[2mm] I_m\alpha_1 & (t_5\leqslant t<t_6) \\[2mm] I_m\left[\dfrac{\alpha_0-\alpha_1}{t_7-t_6}(t-t_6)+\alpha_1\right] & (t_6\leqslant t<t_7) \\[2mm] 0 & (t_7\leqslant t<t_8) \end{cases} \qquad (4.52)$$

式中，α_0 和 α_1 为瞬时电流阶梯幅值变化系数，且 $0\leqslant\alpha_0$，$\alpha_1<1$；I_m 为瞬时电流最大值；$t_i(i=0,1,2,\cdots,8)$ 为幅值发生变化的时刻，且 $t_i=m_iT_c$，$m_i\in Z$。单个

梯形包络激励电流信号的表达式为：

$$i_0(t) = \begin{cases} f(t)\sin(2\pi f_c t) & (t_0 \leqslant t < t_7) \\ 0 & (t_7 \leqslant t < t_8) \end{cases} \quad (4.53)$$

则周期的梯形包络激励电流信号时域表达式为：

$$i(t) = \sum_{n=-\infty}^{\infty} i_0(t - nT_1) \quad (4.54)$$

式中，T_1 为梯形包络激励电流信号的周期，满足条件：$T_1 = \dfrac{1}{f_1} = m_8 T_c = NT_c$。

图 4.9 给出 $m_i = 3i \ (i = 1, 2, \cdots, 8)$，$I_m = 1$，$\alpha_1 = 0.5$ 和 $\alpha_0 = 0$ 条件下的梯形包络激励电流信号的波形。

在激励电流周期 T_1 内，计算电流有效值，得出梯形包络激励电流的有效值为：

$$I\frac{I_m}{\sqrt{6N}} = \sqrt{\begin{array}{c}(\alpha_1 - \alpha_0)^2 M_1 + (1-\alpha_1)^2 M_2 + 3\alpha_1^2 M_3 + \\ 3M_4 - 3(1-\alpha_1)^2 M_5 - 3(\alpha_1 - \alpha_0)^2 M_6\end{array}} \quad (4.55)$$

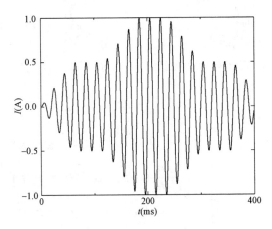

图 4.9　梯形包络激励电流信号

式中：

$$M_1 = \frac{m_1^3 + m_7^3 - m_6^3}{m_1^2} \quad (4.56)$$

$$M_2 = \frac{m_3^3 - m_2^3 + m_5^3 - m_4^3}{(m_3 - m_2)^2} \quad (4.57)$$

$$M_3 = m_3 - m_1 + m_7 - m_5 \quad (4.58)$$

$$M_4 = m_3 - m_5; \quad M_5 = \frac{m_2^2 + m_4^2}{m_3 - m_2}; \quad M_6 = \frac{m_6^2}{m_7 - m_6} \tag{4.59}$$

图 4.10（a）给出了梯形包络激励电流信号和瞬时功率信号的波形，对该两种信号分别做傅里叶变换（正变换前具有 1/2π 系数），得到激励电流信号的频谱表达式为：

$$I(\omega) = I_m \sum_{n=-\infty}^{\infty} \frac{jf_1}{2} \{ (\alpha_1 - \alpha_0)(m_7 - m_1)T_c Sa[(m_7 - m_1)T_c n\pi f_1]Sa(m_1 T_c n\pi f_1)$$
$$+ (1 - \alpha_1)(m_5 - m_3)T_c Sa[(m_5 - m_3)T_c n\pi f_1]Sa[(m_3 - m_2)T_c n\pi f_1] \tag{4.60}$$
$$\cdot e^{-jn\pi f_c m_3 T_c} \{ \delta[\omega + (\omega_c - n\omega_1)] - \delta[\omega - (\omega_c + n\omega_1)] \}$$

瞬时功率信号的频谱表达式为：

$$P(\omega) = U_m I_m \sum_{n=-\infty}^{\infty} \frac{jf_1}{2} \{ (\alpha_1 - \alpha_0)(m_7 - m_1)T_c Sa[(m_7 - m_1)T_c n\pi f_1]Sa(m_1 T_c n\pi f_1)$$
$$+ (1 - \alpha_1)(m_5 - m_3)T_c Sa[(m_5 - m_3)T_c n\pi f_1]Sa[(m_3 - m_2)T_c n\pi f_1] \} \tag{4.61}$$
$$\cdot e^{-jn\pi f_c m_3 T_c} \{ 2\delta(\omega - n\omega_1) - \delta[\omega + (2\omega_c - n\omega_1)] - \delta[\omega - (2\omega_c + n\omega_1)] \}$$

两种频谱（仅正频谱）的模对应的图形如图 4.10（b）所示。

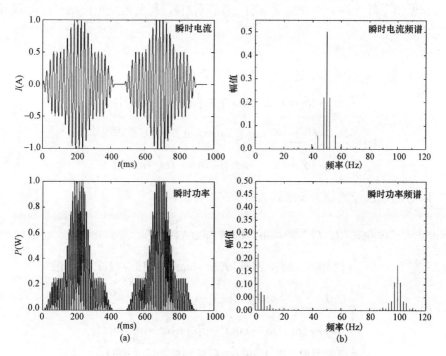

图 4.10　梯形包络激励电流信号和瞬时功率信号波形及其频谱

对于变频率的动态信号，其特点是在调制周期的某一时刻激励电流信号的频率产生了跳变，它可以用于模拟电网中频率变化的动态负荷。定义单个周期内该信号的表达式为：

$$i_0(t) = \begin{cases} I_m \sin(2\pi f_c t), 0 \leq t < mT_c \\ I_m \sin(2\pi f_a t), mT_c \leq t < mT_c + m_0 T_a \end{cases} \quad (4.62)$$

则变频率电流激励信号的时域表达式为：

$$i(t) = \sum_{-\infty}^{\infty} i_0(t - nT_1) \quad (4.63)$$

式中 $T_1 = mT_c + m_0 T_a$ 为变频率激励电流信号的周期，m、$m_0 \in \mathbf{Z}$。该信号的一个周期包含 m 个频率为 f_c 和 m_0 个频率为 f_a 的正弦波形。

图 4.11（a）给出了 f_c=50Hz、f_a=100Hz 条件下变频率激励电流信号和瞬时功率信号的波形，通过调节 m 和 m_0 的值可实现对频率变化速率的调节，从而可得到不同频率变化速率对电能表测量动态误差的影响。在激励信号周期 T_1 内，计算电流有效值，得出变频率激励电流的有效值为：$I_m / \sqrt{2}$。对图 4.11（a）中两种信号分别做傅里叶变换（正变换前具有 $1/2\pi$ 系数），得到激励电流信号的频谱表达式为：

$$\begin{aligned} I(\omega) = & I_m \sum_{n=-\infty}^{\infty} \left[\frac{j}{2} f_1 mT_c Sa(n\pi f_1 mT_c) \right] \cdot \mathrm{e}^{-jn\pi f_1 mT_c} \\ & \cdot \{\delta[\omega + (\omega_c - n\omega_1)] - \delta[\omega - (\omega_c + n\omega_1)]\} \\ & + I_m \sum_{n=-\infty}^{\infty} \left[\frac{j}{2} f_1 m_0 T_a Sa(n\pi f_1 m_0 T_a) \right] \cdot \mathrm{e}^{-jn\pi f_1(m_0 T_a + 2mT_c)} \\ & \cdot \{\delta[\omega + (\omega_a - n\omega_1)] - \delta[\omega - (\omega_a + n\omega_1)]\} \end{aligned} \quad (4.64)$$

瞬时功率信号的频谱表达式为：

$$\begin{aligned} P(\omega) = & \frac{1}{2} U_m I_m \sum_{n=-\infty}^{\infty} \left[\frac{f_1}{2} mT_c Sa(mT_c n\pi f_1) \right] \cdot \mathrm{e}^{-jn\pi f_1 mT_c} \\ & \cdot \{2\delta(\omega - n\omega_1) - \delta[\omega + (2\omega_c - n\omega_1)] - \delta[\omega - (2\omega_c + n\omega_1)]\} + \\ & \frac{1}{2} U_m I_m \sum_{n=-\infty}^{\infty} \left[\frac{f_1}{2} m_0 T_a Sa(m_0 T_a n\pi f_1) \right] \cdot \mathrm{e}^{-jn\pi f_1(m_0 T_a + 2mT_c)} \\ & \cdot \{\delta[\omega + (\omega_c - \omega_a - n\omega_1)] - \delta[\omega + (\omega_c + \omega_a - n\omega_1)] \\ & + \delta[\omega - (\omega_c - \omega_a + n\omega_1)] - \delta[\omega - (\omega_c + \omega_a + n\omega_1)]\} \end{aligned} \quad (4.65)$$

两种频谱（仅正频谱）的模对应的图形如图 4.11（b）所示。

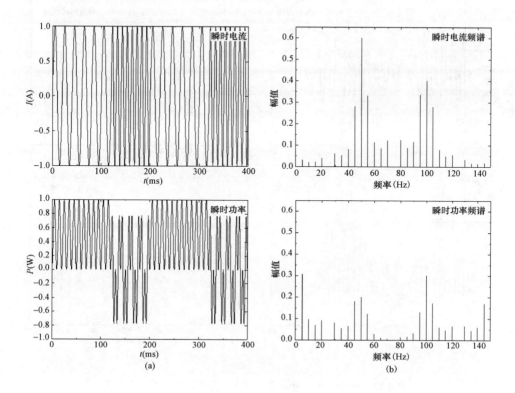

图 4.11　变频率激励电流信号和瞬时功率信号波形及其频谱

对于变相角动态信号，特点是在调制周期的一段时间内激励电流信号的相位相对于电压信号的相位产生了变化，它可以用于模拟电网中相位变化的动态负荷。该信号的一种产生方法是用正弦包络激励电流信号过调制产生（简称：正弦包络变相位激励电流信号，需满足 $m_A > 1$）。

$$i(t) = I_m \left[\frac{1}{2} + \frac{m_A}{2} \sin(2\pi f_1 t) \right] \sin(2\pi f_c t) \qquad (4.66)$$

式中 f_c 为工频频率（周期为 T）。

图 4.12 给出了 $m_A = 1.6$ 时激励电流信号和瞬时功率信号的时域波形及其频谱（仅正频谱）的幅值对应的图形。

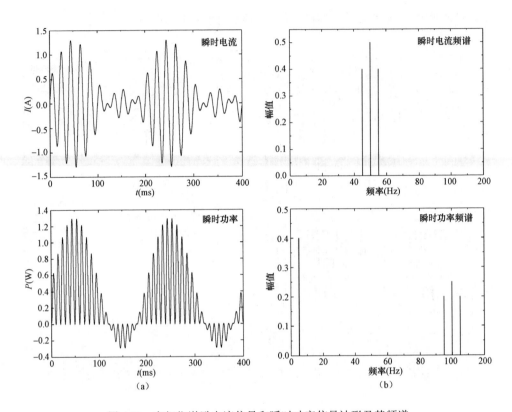

图 4.12 变相位激励电流信号和瞬时功率信号波形及其频谱

4.2.2 动态信号下电能计量分析

目前，绝大多数电能计量仪表的设计原理都是基于正弦电路功率理论，即假设电压、电流都为正弦周期信号。仅有极少量高档电能计量仪表的设计原理基于非正弦电路功率理论。然而随着电力系统中大功率整流设备、交流逆变器等工业非线性负载的迅速增加及新能源的广泛应用，电网的电能质量日趋劣化，信号波形严重畸变，使电网信号具有谐波、间谐波、电压电流剧变等复杂特性。基于正弦功率理论或传统非正弦电路功率理论设计的电能计量仪表将不能真实反映负载从电力系统吸收的电能，对电能计量的准确性和合理性提出新的挑战[64]。

对于某些冲击性或波动性负载电能用户，采用基波电能表并不能解决电能合理计量的问题，这是因为负载电流中的畸变部分不是单纯的以高次谐波的形态存在，而是除了高次谐波以外，还可能存在随机、时变的信号。常见的几种非稳态畸变信号的波形示意图如图 4.13 所示[65]。

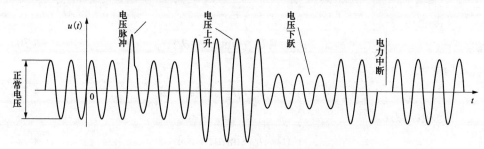

图 4.13　常见的几种非稳态畸变信号的波形示意图

对有功电能计量产生影响的典型畸变信号为瞬时脉冲、电压上升和电压下降。由于冲击性电流和波动性电流都是随机产生的，它们发生的时刻、存在的时间、冲击和波动的强度都是随机的，并且在整个电能计量期间，它会大量重复出现，从而对电能计量产生影响。

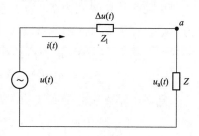

图 4.14　电网简化模型

畸变信号条件下电网的简化模型如图 4.14 所示，电网电源电压 $u(t)$ 为正弦电压源，$i(t)$ 为电网电流，Z_l 为线路阻抗，Z 为非线性负载阻抗，a 点为负载电能计量节点。

在图 4.14 中，假设线路阻抗为纯电阻 R_l，Z 为产生典型非稳态畸变信号的冲击性或波动性非线性负载。此时电源电压 $u(t)$ 为：

$$u(t) = U_m \sin(\omega_0 t + \psi_k) \tag{4.67}$$

其中，电压相位 ψ_k 为随机变量。

对于第 k 次冲击或波动，计量节点 a 的电压：

$$
\begin{aligned}
u_{ak}(t) &= u(t) - R_l \cdot i_k(t) \\
&= U_m \sin(\omega_0 t + \psi_k) - R_l[1 + \alpha_k(t)]I_{mk}\sin(\omega_0 t + \varphi_k) \\
&= [U_m \sin(\omega_0 t + \psi_k) - R_l I_{mk}\sin(\omega_0 t + \varphi_k)] - R_l \alpha_k(t)I_{mk}\sin(\omega_0 t + \varphi_k) \\
&= (U_m \cos\psi_k - R_l I_{mk}\cos\varphi_k)\sin(\omega_0 t) + (U_m \sin\psi_k - R_l I_{mk}\sin\varphi_k)\cos(\omega_0 t) \\
&\quad - R_l \alpha_k(t)I_{mk}\sin(\omega_0 t + \varphi_k) \\
&= U_{akm}\sin(\omega_0 t + \theta_k) - R_l \alpha_k(t)I_{mk}\sin(\omega_0 t + \varphi_k) \\
&= u_{akl}(t) + u_{aks}(t)
\end{aligned} \tag{4.68}
$$

其中

$$
\begin{aligned}
U_{akm} &= [U_m^2 + R_l^2 I_{mk}^2 - 2R_l I_{mk}U_m \cos(\psi_k - \varphi_k)]^{1/2} \\
\theta_k &= \arctan \frac{U_m \sin\psi_k - R_l I_{mk}\sin\varphi_k}{U_m \cos\psi_k - R_l I_{mk}\cos\varphi_k}
\end{aligned} \tag{4.69}
$$

基波电压为：

$$u_{akI}(t) = U_{akm}\sin(\omega_0 t + \theta_k) \tag{4.70}$$

畸变电压为：

$$u_{aks}(t) = -R_l\alpha_k(t)I_{mk}\sin(\omega_0 t + \varphi_k) \tag{4.71}$$

基波电流为：

$$i_{kI}(t) = I_{mk}\sin(\omega_0 t + \varphi_k) \tag{4.72}$$

畸变电流为：

$$i_{ks}(t) = I_{mk}\alpha_k(t)\sin(\omega_0 t + \varphi_k) \tag{4.73}$$

设功率计量时间为 T，为了方便讨论，我们假设 $T = N \cdot T_1$，T_1 为基波周期，N 为整数。在第 k 次冲击或波动时，a 点的瞬时功率为[66]

$$
\begin{aligned}
p_{ak}(t) &= u_{ak}(t) \cdot i_k(t) = [u_{akI}(t) + u_{aks}(t)] \cdot [i_{kI}(t) + i_{ks}(t)] \\
&= u_{akI}(t)i_{kI}(t) + u_{akI}(t)i_{ks}(t) + u_{aks}(t)i_{kI}(t) + u_{aks}(t)i_{ks}(t)
\end{aligned}
\tag{4.74}
$$

则对于第 k 次冲击或波动，a 点的平均功率为

$$
\begin{aligned}
P_{ak} &= \frac{1}{T}\int_0^T p_{ak}(t)\mathrm{d}t \\
&= \frac{1}{T}\int_0^T [u_{akI}(t)i_{kI}(t) + u_{akI}(t)i_{ks}(t) + u_{aks}(t)i_{kI}(t) + u_{aks}(t)i_{ks}(t)]\mathrm{d}t \\
&= P_{akI} + P_{akIs} + P_{aksI} + P_{aks}
\end{aligned}
\tag{4.75}
$$

式中 P_{akI}、P_{akIs}、P_{aksI} 与 P_{aks} 为第 k 次冲击或波动时，a 点的基波功率、基波电压与畸变电流作用产生的功率、畸变电压与基波电流作用产生的功率及畸变功率。

假设在计量时段 T 内共有 N 次冲击或波动，N 为随机正整数，则 a 点的平均功率为

$$
\begin{aligned}
P_a &= \sum_{k=1}^N P_{ak} = \sum_{k=1}^N (P_{akI} + P_{akIs} + P_{aksI} + P_{aks}) \\
&= P_I + P_{Is} + P_{sI} + P_s
\end{aligned}
\tag{4.76}
$$

由式（4.70）和（4.72），基波瞬时功率为：

$$
\begin{aligned}
u_{akI}(t)i_{kI}(t) &= U_{akm}\sin(\omega_0 t + \theta_k) \cdot I_{mk}\sin(\omega_0 t + \varphi_k) \\
&= U_{akm}I_{mk} \cdot \frac{1}{2}[\cos(\theta_k - \varphi_k) - \cos(2\omega_0 t + \psi_k + \varphi_k)] \\
&= \frac{1}{2}U_{akm}I_{mk}\cos(\theta_k - \varphi_k) - \frac{1}{2}U_{akm}I_{mk}\cos(2\omega_0 t + \psi_k + \varphi_k)
\end{aligned}
\tag{4.77}
$$

式（4.77）中第一项为直流分量，表示基波电压与基波电流的平均功率，一

定为正，若为负值，说明负载为发电机，由此 $\cos(\theta_k - \varphi_k)$ 一定为正。第二项是交流分量，均值为零，表示功率二次谐波。此时，由式（4.77）可得基波平均功率：

$$P_I = \sum_{k=1}^{N} \frac{1}{T}\int_0^T u_{akI}(t)i_{kI}(t)\mathrm{d}t$$
$$= \frac{1}{2}\sum_{k=1}^{N} U_{akm}I_{mk}\cos(\theta_k - \varphi_k) > 0 \tag{4.78}$$

由式（4.70）和式（4.73），基波电压与畸变电流的瞬时功率为：

$$u_{akI}(t)i_{ks}(t) = U_{akm}\sin(\omega_0 t + \theta_k)\cdot I_{mk}\alpha_k(t)\sin(\omega_0 t + \varphi_k)$$
$$= U_{akm}I_{mk}\alpha_k(t)\cdot\frac{1}{2}[\cos(\theta_k - \varphi_k) - \cos(2\omega_0 t + \theta_k + \varphi_k)] \tag{4.79}$$
$$= \frac{1}{2}U_{akm}I_{mk}\alpha_k(t)\cos(\theta_k - \varphi_k) - \frac{1}{2}U_{akm}I_{mk}\alpha_k(t)\cos(2\omega_0 t + \theta_k + \varphi_k)$$

能量的累积是一个长时间的过程，对一个冲击信号而言，可以认为能量的累积时间无限长，因此在计量时段内产生的总电能为：

$$E_{Is} = \sum_{k=1}^{N}\int_0^\infty u_{akI}(t)i_{ks}(t)\mathrm{d}t \tag{4.80}$$

由式（4.71）和式（4.72），畸变电压和基波电流的瞬时功率为：

$$u_{aks}(t)i_{kI}(t) = -R_I\alpha_k(t)I_{mk}\sin(\omega_0 t + \varphi_k)\cdot I_{mk}\sin(\omega_0 t + \varphi_k)$$
$$= -R_I\alpha_k(t)I_{mk}^2\cdot\frac{1}{2}[1 - \cos(2\omega_0 t + 2\varphi_k)] \tag{4.81}$$
$$= -\frac{1}{2}R_I\alpha_k(t)I_{mk}^2 + \frac{1}{2}R_I\alpha_k(t)I_{mk}^2\cos(2\omega_0 t + 2\varphi_k)$$

此时，由畸变电压和基波电流产生的平均功率为：

$$P_{sI} = \sum_{k=1}^{N}\left[\frac{1}{T}\int_0^T u_{aks}(t)i_{kI}(t)\mathrm{d}t\right]$$
$$= \sum_{k=1}^{N}\frac{1}{T}\int_0^T\left[-\frac{1}{2}R_I\alpha_k(t)I_{mk}^2 + \frac{1}{2}R_I\alpha_k(t)I_{mk}^2\cos(2\omega_0 t + 2\varphi_k)\right]\mathrm{d}t$$
$$= \sum_{k=1}^{N}\left[-\frac{R_I I_{mk}^2}{2T}\int_0^T\alpha_k(t)\mathrm{d}t\right] + \sum_{k=1}^{N}\left[\frac{R_I I_{mk}^2}{2T}\int_0^T\alpha_k(t)\cos(2\omega_0 t + 2\varphi_k)\,\mathrm{d}t\right] \tag{4.82}$$
$$= \sum_{k=1}^{N}\left[-\frac{R_I I_{mk}^2}{2T}\int_0^T\alpha_k(t)\mathrm{d}t\right] + \sum_{k=1}^{N}\left[\frac{R_I I_{mk}^2}{2T}\int_0^T\alpha_k(t)\mathrm{d}t\right]$$

即

$$P_{sI} \leqslant 0 \qquad (4.83)$$

虽然 P_{sI} 是畸变电压和基波电流产生的，并作为畸变功率回馈给电网，但由于它是以基波电流的方式回馈电网，因此不对电网产生污染，所以应予以计量。

由畸变电压和畸变电流产生的瞬时功率为[67]

$$u_{aks}(t)i_{ks}(t) = -R_l\alpha_k(t)I_{mk}\sin(\omega_0 t+\varphi_k)\cdot I_{mk}\alpha_k(t)\sin(\omega_0 t+\varphi_k)$$

$$= -R_l I_{mk}^2 \alpha_k^2(t)\cdot\frac{1}{2}[1-\cos(2\omega_0 t+2\varphi_k)] \qquad (4.84)$$

$$= -\frac{1}{2}R_l I_{mk}^2\alpha_k^2(t)+\frac{1}{2}R_l I_{mk}^2\alpha_k^2(t)\cos(2\omega_0 t+2\varphi_k)$$

此时由畸变电压和畸变电流产生的平均功率为：

$$P_s = \sum_{k=1}^{N}\left[\frac{1}{T}\int_0^T u_{as}(t)i_s(t)\mathrm{d}t\right]$$

$$= \sum_{k=1}^{N}\left\{\frac{1}{T}\int_0^T\left[-\frac{1}{2}R_l I_{mk}^2\alpha_k^2(t)+\frac{1}{2}R_l I_{mk}^2\alpha_k^2(t)\cos(2\omega_0 t+2\varphi_k)\right]\mathrm{d}t\right\} \qquad (4.85)$$

$$= \sum_{k=1}^{N}\left\{\frac{1}{T}\int_0^T\left[\frac{1}{2}R_l I_{mk}^2\alpha_k^2(t)\right]\mathrm{d}t\right\}+\sum_{k=1}^{N}\left\{\frac{1}{T}\int_0^T\left[\frac{1}{2}R_l I_{mk}^2\alpha_k^2(t)\right]\mathrm{d}t\right\}$$

显然

$$P_s < 0 \qquad (4.86)$$

P_s 是由畸变电压和畸变电流产生的，并且为负，即作为畸变功率回馈给电网，而且是以畸变电流的方式进行的，对电网造成污染，因此不予计量。

4.3 动态综合误差评定模型

4.3.1 R46 最大允许综合误差模型

（1）根据本建议的要求，估计最大允许综合误差。

本建议允许基本最大允许误差加影响量引起的误差偏移。因此，使用时，符合电能表的实际误差可超过基本最大允许误差。有必要评估表明最大误差的整个最大允许误差，该最大允许误差可合理归于符合本建议的电能表形式。这需要估计额定工作条件下任意电能表的测量误差。

然而，由于两个因素，用代数方法将基本最大允许误差和所有的误差变化和相加进而对测量的不确定度进行估计是不乐观的。对于影响因子值的任意设置，一些误差变化小，一些将可能有异号，彼此可能抵消。此外，电能表是一个积分仪，因此，在一定程度上，由于影响因子值会随时间变化，所以应平均影响量引起的误差[68]。

如果做出以下假设：

1）可忽视整合效果；

2）影响因子的影响不相关；

3）相对于额定操作条件限值，影响量的值更接近参考值；

4）影响量和影响因子的影响可被当作正态分布。

因此，对于标准的不确定度，可使用最大允许误差变化一半的值。那么，用式（4.87），可估计综合最大允许误差（假设对应接近 95% 覆盖概率的覆盖率为 2）：

$$v = 2\sqrt{\frac{v_{base}^2}{4} + \frac{v_{voltage}^2}{4} + \frac{v_{frequency}^2}{4} + \frac{v_{unbalance}^2}{4} + \frac{v_{harmonic}^2}{4} + \frac{v_{temperature}^2}{4} + \frac{v_{tilt}^2}{4}} \quad (4.87)$$

式中：

v_{base}——基本最大允许误差；

$v_{voltage}$——电压变化允许的最大误差偏移；

$v_{frequny}$——频率变化允许的最大误差偏移；

$v_{unbalance}$——不平衡变化允许的最大误差偏移；

$v_{harmonics}$——谐波含量允许的最大误差偏移；

$v_{temperature}$——温度变化允许的最大误差偏移。

（2）基于类型试验结果和特定条件的综合误差的估计。

方法 1：

对于使用类型试验结果的特定电能表类型，也可估计最大的综合误差。类型试验结果通常显示比本建议要求的变化要小的一个变化值，导致对于整体的最大误差有一个保证的较小值。

保持正态分布假设有效，那么用式（4.88），从试验结果中评估综合最大误差：

$$e_{c(p,i)} = \sqrt{e^2(PF_p, I_i) + \delta e_{p,i}^2(U) + \delta e_{p,i}^2(f) + \delta e_{p,i}^2(T)} \quad (4.88)$$

式（4.88）中对于每个电流 I_i 和每个功率因数 PF_p：$e(PF_p, I_i)$ 为试验过程中测量的电能表的基本误差；$\delta e_{p,i}(T)$，$\delta e_{p,i}(U)$，$\delta e_{p,i}(f)$ 分别为温度、电压和频率按照规定的额定操作条件在整个范围变化时，试验过程中测量的最大额外误差。

方法 2：

假设影响因子的影响不再满足正态分布，而为矩形分布时。可用式（4.89）从试验结果的结合中估计综合最大误差：

$$e_c = 2\sqrt{\frac{e_{base}^2}{3} + \frac{e_{voltage}^2}{3} + \frac{e_{frequency}^2}{3} + \frac{e_{unbalance}^2}{3} + \frac{e_{harmonic}^2}{3} + \frac{e_{temperature}^2}{3}}$$ （4.89）

考虑了类型试验测量不确定度后，式中：

e_{base}——基本最大误差试验的最大误差；

$e_{voltage}$——电压变化试验的最大误差偏移；

$e_{frequncy}$——频率变化试验的最大误差偏移；

$e_{unbalance}$——不平衡变化试验中的最大误差偏移；

$e_{harmonics}$——谐波含量变化试验中的最大误差偏移；

$e_{temperature}$——温度变化试验中的最大误差偏移。

4.3.2 动态综合误差模型建模方法

作为国家强制性认证管理的测量仪器之一，电能表必须满足标准的相关要求才能投入使用。目前，电能表接入网络之前的性能测试是在实验室设定的参考条件下进行的。另外，电能表的影响测试通常在改变单个条件而其他条件不变的情况下进行。另外，为了进一步确保电能表的操作精度，必须定期检查。但是，由于中国幅员辽阔，气候地形复杂多样，当地电网的运行环境不同，电能表的现场运行条件极为复杂。当多个条件同时偏离参考条件时，通常难以确保电能表的现场工作条件与实验室测试环境一致。而且，电能表的现场检查面临着不同的工作条件，不同工作条件下的检测数据缺乏可比性和针对性。

为了给电能表的现场检测提供参考，更准确地评估现场条件下的电能表状态，有必要进行建模研究多维条件对电能计量性能的影响。

在测试电能表的计量性能时，相对误差是要求之一。它受工频大小、屏蔽不良、接收外部条件、设备内部噪声和尖峰效应引起的输出跳变的影响。该误差特性主要受以下因素影响：

（1）电压和电流变换的影响。当金属膜电阻分压器和铜电阻分流器转换电压和电流时，转换的线性度更好，但会对布线的分布电容和互感可能会产生影响。

（2）乘法器和功率转换器的效果。电子电能表的时分乘法器、数字乘法器和霍尔乘法器均具有不同程度的原理误差。由功率转换器获得的高频功率脉冲信号应考虑到脉冲的均匀性和脉冲量化误差的影响。

（3）响应时间和测量重复性的影响。负载功率始终在变化，这要求电能表足够快地响应。电能表的响应时间长，脉冲的量化误差大以及脉冲均匀性不足，将使电能表的测量重复性变差。

通过以上分析，影响电能表基本误差的主要因素有：电能表采样器和硬件电路的不理想、电压和电流采样以及计量芯片和气候环境的非线性误差。

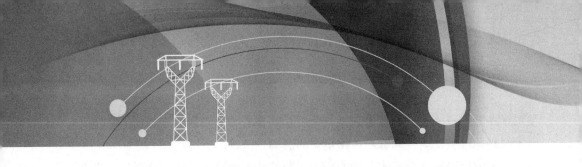

第5章　基于R46的电能表检定装置

本文分别在第3章和第4章中描述和研究了基于准同步采样的动态谐波测量原理，并在不同条件下进行了详细的理论推导、算法运算复杂度分析和Matlab仿真分析。通过仿真分析，基于准同步采样的动态谐波测量算法可以测量谐波参数，符合国家标准的精度要求。为了进一步验证基于QSSA的动态谐波测量算法在实际应用中的有效性，本章将在硬件系统平台上实施和研究该算法，并针对其频率、幅值和相位设计校准方案。校准时，通过大量的谐波测量实验和谐波测量结果，分析校准前后频率、幅值和相位的测量偏差，并对测量结果进行不确定性分析，以进一步验证准同步采样的基础。为本文提出的动态谐波算法在实际应用中的准确性和可行性提供了科学依据。

5.1　装置总体结构及原理

基于R46的电能表检定装置是本项目开发的一套0.05级三相电能表检定装置，主要用于检定符合OIML R46要求的三相电能表，该装置符合JJG 307—2006《机电式交流电能表检定规程》、JJG 596—2012《电子式交流电能表检定规程》、JJG 597—2005《交流电能表检定装置检定规程》的要求。该装置通过计算机和软件可以实现各种类型交流电能表的全自动、半自动以及手动检定，其检定结果和误差能自动计算，数据和报表能自动生成和处理，并上传至计算机进行保存。装置整体结构如图5.1所示。

该装置由三相精密交流标准源、三相源供电电源、六表位检定台（含接线端钮、脉冲输入输出、调节控制、显示、仪器接口等）、操作台和计算机及专用测试软件等组成。其中台体框架采用60×60方钢管全自动焊接，表面静电粉末喷涂，环保节能。台体上接线盒为4mm铝合金板一体成型，轻便、耐腐蚀、导热性好。台面采用多层实芯理化板，耐污染、耐磨、易清洁、抗冲击、不易燃。台体安装了万向轮，承重强、转动灵活，便于移动台体，操作便捷。

该装置准确度等级为0.05级，电压输出范围：6~576V，电流输出范围：0.1mA~

120A，电压/电流输出具有 45 Hz～2kHz 的宽范围基波带宽，以及 2～128 次谐波的输出能力，并内置常用的方波、尖顶波、直流/偶次谐波（半波）、次谐波和奇次谐波等，用户还可自定义各种波形以满足复杂波形下的功率电能计量检定需求。

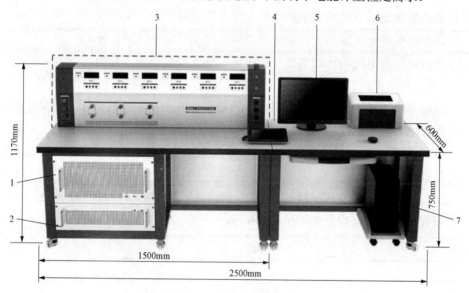

图 5.1　装置整体实物图

1—三相功率源；2—三相源供电电源；3—六表位试验台；4—操作台；5—电脑显示屏；

6—打印机；7—电脑主机

该装置以三相标准功率源的高稳定及高准确度的输出为基础，结合专用计算机软件，可同时检定 6 块具有相同电压、电流量程，不同电表常数，不同误差限的各类型单/三相电能表，完成基本误差、起动试验、潜动试验、电能表常数、日计时误差、谐波影响量试验等检测项目。

该装置的主要功能特点如下：

（1）交流最大输出能力为 576V/120A，在满负荷条件下能保证量值输出的稳定。

（2）交流电流输出最小低至 0.1mA，是被检电能表进行起动试验的基础。

（3）电压和电流输出的基波频率可在 45Hz～2kHz 的范围内手动或自动设置。

（4）电压和电流输出均可加载 2～128 次谐波，其中基波范围为 45～65Hz 谐波含量可设置，相位 0°～360°范围内可调，方便用户自定义各种复杂波形进行影响量试验。

（5）装置配置了第 5 次谐波、方顶波、尖顶波、脉冲群触发波形、90 度相位触发波形、半波等方案。

（6）装置配置了高次谐波试验方案，可自动将 $15f_{\text{nom}}$ 到 $40f_{\text{nom}}$ 扫频的信号叠加到电压和电流回路中，并读取每一谐波频率的数据，以测量高次谐波引起的误差偏移。

（7）内置新型交流电能表检定的谐波试验方案，便于直接安装 OIML 46 等标准规定的复杂波形下的功率电能计量方法。

（8）电压和电流输出全自动量程切换，并支持自动负载匹配。

（9）电压和电流输出既支持三相统调，亦支持分相调节输出。

（10）具有正向、反向有功电能，四象限无功电能等多种电能计量方法。

（11）装置配有标准脉冲输入接口，可接受各种电平幅值的高频脉冲和低频脉冲；同时配有标准脉冲输出接口，方便装置的溯源。

（12）装置具有良好的电气保护，可靠性高；并支持故障定位判别、恢复，可维护性好。

（13）专用软件：实现被检电能表的全自动或半自动检定，数据管理和证书导出。

装置整体技术原理方案如图 5.2 所示。

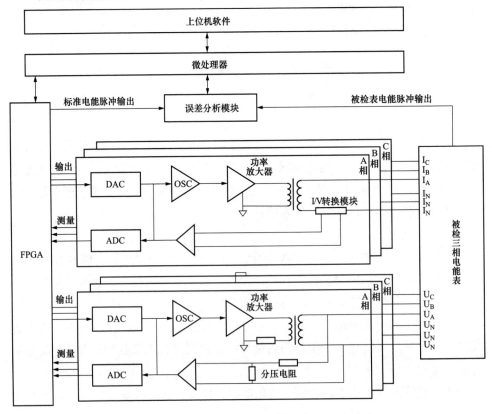

图 5.2　检定装置原理图

装置主要由微处理器、FPGA、电压/电流输出模块、电压/电流反馈测量模块、误差分析模块等组成，其工作原理如下：

（1）操作人员通过上位机软件等设定好电压电流各次波形幅值、相位等基本参量；

（2）微处理器接收信息后，通过以下公式运算绘制波形，并将信号传输给FPGA：

$$U(t) = U_0 + U_1\sin(\omega_1 t + \varphi_1) + U_2\sin(\omega_2 + \varphi_2)\cdots U_{128}\sin(\omega_{128} + \varphi_{128}) \tag{5.1}$$

$$U(t) = U_0 + U_1\sin(\omega_1 t + \varphi_1) + U_2\sin(\omega_2 + \varphi_2)\cdots U_{128}\sin(\omega_{128} + \varphi_{128}) \tag{5.2}$$

（3）FPGA 将数字信号传输给 DAC，再传输给功率放大器输出 $U(t)$ 或 $I(t)$ 波形；

（4）反馈电路用于采样输出的 $U(t)$ 或 $I(t)$ 信号，传输给 ADC 变换为数字信号，实现反馈测量；

（5）FPGA 对测量的信号进行失真度补偿后，与设定值进行比对，再修正输出量值。

5.2　宽频信号发生器

根据 OIML R46 标准相关规定，检定装置需对电能表进行方波、尖顶波、高次谐波等宽频复杂波形的影响试验，这需要装置在加载高次谐波的同时对各谐波进行幅值和相位设定，并扩大输出带宽范围，以产生高准确度的可变复杂波形。

该设备使用直接数字合成（DDS）技术来实现宽带信号输出。与传统的频率合成方法相比，DDS 技术具有转换时间短，频率分辨率高，连续相变和相位噪声低的优点。随着集成电路技术和计算机技术的不断发展，该技术已广泛应用于通信、雷达、电子对策等领域。

现场可编程门阵列（FPGA）器件具有高速、高可靠性、高集成度和现场可编程的优点[69]，并且已被应用于数字电路设计、微处理器系统、通信系统设计等领域。为了获得电路简单、性能稳定、易于控制的信号发生器，本文基于 DDS 的基本原理，完成了 FPGA 上宽带信号发生器的设计和验证，并已应用于 TD3650 设备中。

5.2.1　原理介绍

DDS 原理如图 5.3 所示，主要由相位寄存器、相位累加器、正弦查找表、高性能模数转换器和低通滤波器组成。微控制器以外部时钟为参考，以一定的时序控制 DDS 系统读取寄存器数据，并通过正弦查找表以数字幅度序列输出所需的工作波形。最后，使用数模转换器和低通滤波器转换为所需的波形。

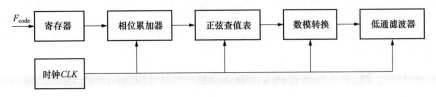

图 5.3　DDS 工作原理图

DDS 输出信号频率为：

$$f_{out} = \frac{F_{code} \times CLK}{2^L} \qquad (5.3)$$

其中 F_{code} 为写入 DDS 的频率控制字，CLK 为 DDS 系统工作时钟，L 为相位累加器的长度。

5.2.2　宽频信号发生器设计

装置采用 MAX 10 型 FPGA 实现宽频信号发生器设计，具有配置简单、继承性高、配置灵活的优点。MAX 10 安全的片上闪存可使器件在 10ms 内完成配置，3mm×3mm 的封装内集成了可编程逻辑器件（PLD）、RAM、闪存、数字信号处理（DSP）、锁相环（PLL）和 I/O 接口，保证了器件的灵活配置，并采用 TSMC 的 55nm 工艺技术，可保证 20 年的使用寿命。FPGA 现场可编程逻辑阵列开发板（见图 5.4）由 MAX 10 芯片、SDRAM 存储芯片、外设电路、时钟模块、外围扩展接口等组成。

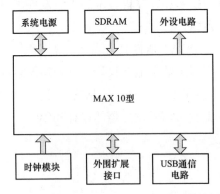

图 5.4　FPGA 现场可编程逻辑阵列模块图

用户通过上位机设定好波形数据，如电压电流各次波形幅度值、相位等基本参量，并通过 MCU 传递给 FPGA，FPGA 内置 DDS 模块，FPGA 输出波形经 DAC 模块和功率放大进入被检电能表，其原理如图 5.5 所示。

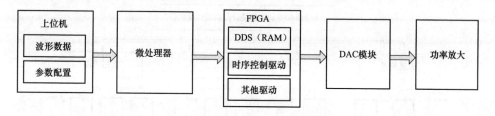

图 5.5　复杂波形发生器原理图

波形数据经微处理器送入 FPGA 的 RAM，RAM 采用乒乓操作设计（见图 5.6），即在输出所需的波形的同时可储存下次需要的波形，能实现波形的定时或周期切换，满足扫频试验相关要求。

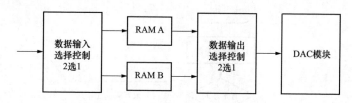

图 5.6　基于乒乓操作的波形存储模块

5.3　检定装置软件设计

系统设计了基于 R46 的动态电能计量误差评定软件，以满足实际电能表检定的工作需求，可为用户提供一个良好的人机交互界面，并方便用户快捷、简易使用计算机操控检定装置，从而高效、精准、稳定地对符合 R46 的电能表进行各项试验检测、处理分析、报表导出等工作。

5.3.1　软件整体设计

系统软件主要包括系统配置、测试管理、数据管理等模块，其整体设计和工作流程如图 5.7 和图 5.8 所示。

主要实现如下功能：

（1）被检表参数录入：录入被检表各参数，确认被检表所在表位等；

（2）方案管理：可根据被检参数生成默认方案；同时，用户可以自定义方案和试验项目，编辑各试验项目相应检定点、计算误差脉冲数、检定误差次数、误差限要求等，支持正向、反向、有功、无功等计量方式选定；

图 5.7　系统软件整体设计

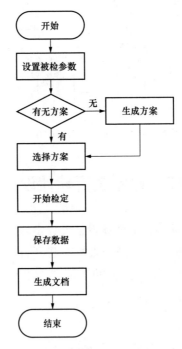

图 5.8　系统软件工作流程

（3）检定过程：根据各试验项目要求、控制设备输出，采集误差数据并完成计算和修约处理；试验过程支持稳定延时调整、粗大误差提出、输出前安全提示、检定过程异常处理等；

（4）数据处理：检定完成后，数据存入数据库，用户可查询历史数据并进行 Word、Excel 报表打印，并支持报表自定义。

5.3.2　软件主要模块设计

（1）被检表参数录入模块。

用户根据物理表位是否实际挂入电能表，开启和关闭相应表位；录入被检表相关检定参数，验证录入参数合法后，把相关被检表参数存入数据库中。流程如图 5-9 所示。可实现如下功能：

1）表位管理：实现表位的开启和关闭，对应装置相应表位。

2）参数录入：录入被检表类型、相线、电压、电流、有功、无功等级等。

3）广播地址：可手动输入表地址；也可以根据当前被检表参数输出电压，广播读取被检表地址。

软件流程图如下：

（2）方案管理模块。

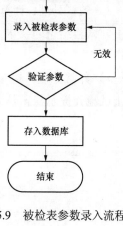

图 5.9　被检表参数录入流程图

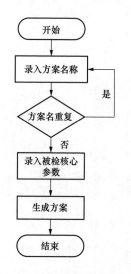

图 5.10　方案管理模块流程图

用户根据表的核心参数和依据规程生成相关方案，并支持对方案的复制、删除、重命名等操作，可自动匹配相关试验的误差限要求，并实现如下功能：

1）方案设置：设置方案名称、规程依据；支持方案复制、删除、重命名等。

2）方案试验项目管理：各试验的开启和关闭，支持各试验的拖拽排序，各个试验的检定点的增加删除、检定设置、检定参数设置。

以新建方案为例，软件设计流程如图 5.10 所示。

（3）检测控制模块。

结合录入的表数据和各试验项目的检定设置，将检定点转换成实际输出值。根据该模块定义的不同试验流程，设置试验参数，并稳定功率源的输出，保存测试数据后，完成数据处理，生成结论。检测控制模块如图 5.11 可实现如下功能：

1）控制与解析：根据方案各个试验项目所设置的输出值，根据通信协议生成相应控制命令；接收数据根据通信协议解析出相应数据。

2）控制流程：根据各试验流程的要求，控制设备输出相应试验项目检测信号，完成相应试验过程；并将试验步骤反馈至软件的用户交互界面。

3）数据处理：计算各试验平均值，根据等级对数据进行修约；根据检定方案对不同试验结果的要求，给出各个试验的结论；并将各试验点结论反馈至软件的用户交互界面。

4）异常处理：检定过程中通信异常、设备异常、检定超时等各种异常情况，终止试验并提示异常信息。

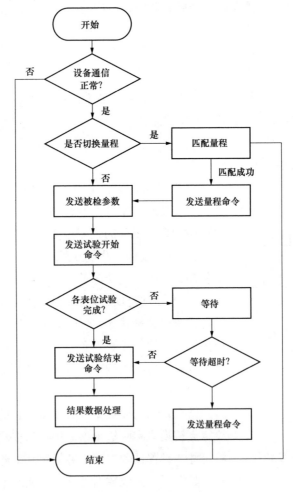

图 5.11　检测控制模块流程图

（4）监控模块。

如图 5.12 所示，监控模块通过监控线程定时向设备发送查询命令，读取设备当前量程、电压、电流、角度、功率等信息。模块可实现如下功能：

1）实时显示当前设备的电压、电流、功率、角度等值。

2）画出当前电压、电流输出的矢量图，如图 5.12 所示。

（5）结果处理模块。

如图 5.13 所示，结果处理模块显示各表位各试验检定结果，录入检定人员、校验人员、试验环境参数等。将检定数据存入数据库。根据各试验项目分结论生成总结论。

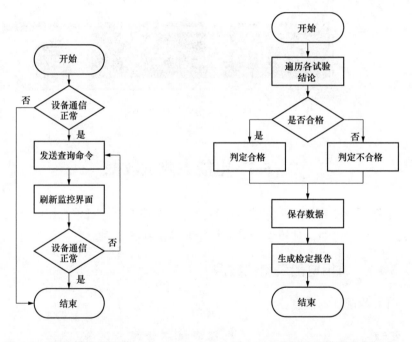

图 5.12　监控模块流程图　　　　图 5.13　结果处理模块流程图

5.3.3　软件界面

设计的软件界面如图 5.14 所示，包括工具栏、检定项目、检定点信息、检定结果、工具栏操作等模块，用户可根据实际需要设置试验项目，完成自动化检定工作。

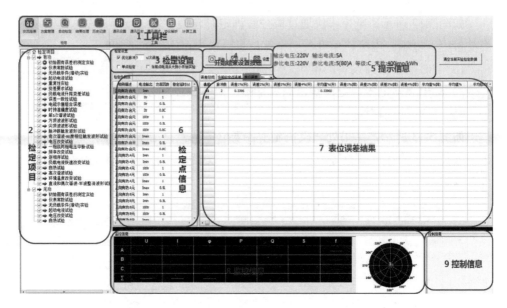

图 5.14　检定软件界面图

5.4　电能表测试数据

在前期研发的基于 R46 的电能表检定装置基础上针对单三相电能表进行相关测试。由数据可知，被检表相关参数均能满足标准要求。

5.4.1　单相电能表测试数据

（1）测试基本信息。

表 5.1　　　　　　　　　　电 能 表 基 本 信 息

被检表名称	单相电子式费控电能表	型号	DDSK188-Z 型	出厂编号	8012453
制造单位	宁波三星医疗电气股份有限公司	等级	有功 B 级	接入方式	直接接入
电压/电流	220V，0.25～0.5A（80A）	相线	单相电能表	常数	1200imp/kWh
技术依据	GB/T 17215	温湿度	24℃，65%RH	频率	50Hz
检定设备名称	基于 R46 的电能表检定装置	等级	0.05 级	出厂编号	3618446391

（2）计量性能试验。

1）初始固有误差的测定实验。

表 5.2　　　　　　　　　　　初始固有误差的测定试验数据

项目	电压输出（V）	负载电流（A）	cosφ	平均值	修约值	允许误差
正向有功	220	0.25	1	0.13020	−0.1	1.5
	220	0.5	1	0.12180	−0.1	1.0
	220	0.5	0.5L	0.03130	0.0	1.5
	220	0.5	0.8C	0.15855	−0.2	1.5
	220	5.0	1	0.11790	−0.1	1.0
	220	5.0	0.5L	0.02700	0.0	1.5
	220	5.0	0.8C	0.16370	−0.2	1.5
	220	80	1	0.13515	−0.1	1.0
	220	80	0.5L	0.04395	0.0	1.5
	220	80	0.8C	0.17550	−0.2	1.5

2）重复性试验。

表 5.3　　　　　　　　　　　重复性试验数据

项目	电压输出（V）	负载电流（A）	cosφ	误差 1	误差 2	误差 3	平均值	修约值	允许误差
正向有功	220	0.25	1	0.1230	0.1294	0.1147	0.12237	−0.1	2.0
	220	0.5	1	0.1332	0.1266	0.1151	0.12497	−0.1	0.2
	220	0.5	0.5L	0.0422	0.041	0.0498	0.04433	0	2.5
	220	0.5	0.8C	0.1807	0.1737	0.1713	0.17523	−0.2	2.0
	220	5.0	1	0.1298	0.1248	0.1278	0.12747	−0.1	0.2
	220	5.0	0.5L	0.0360	0.0300	0.0360	0.03400	0.0	0.2
	220	5.0	0.8C	0.1657	0.1647	0.1627	0.16437	−0.2	2.0
	220	80	1	0.1318	0.1318	0.1345	0.13270	−0.1	0.2
	220	80	0.5L	0.04	0.0426	0.0426	0.04173	0.0	0.2
	220	80	0.8C	0.1764	0.178	0.1797	0.17803	−0.2	2.5

3）变差要求试验。

表 5.4　　　　　　　　　　　　　变差要求试验数据

项目	电压输出（V）	负载电流（A）	cosφ	误差 1	误差 2	平均值	修约值	允许误差
正向有功	220	5.0	1	0.1260	0.1283	—	—	0.2
	220	5.0	0.5L	0.0313	0.0310	—	—	0.2

4）负载电流升降变差试验。

表 5.5　　　　　　　　　　　负载电流升降变差试验数据

项目	电压输出（V）	负载电流（A）	cosφ	误差 1	误差 2	平均值	修约值	允许误差
正向有功	220	0.5	1	0.1228	0.1402	0.1315	−0.1	0.25
	220	5.0	1	0.1219	0.1219	0.1219	−0.1	0.25
	220	80	1	0.1358	0.1358	0.1358	−0.1	0.25
	220	80	1	0.1518	0.1504	0.1511	−0.2	0.25
	220	5.0	1	0.1338	0.1288	0.1313	−0.1	0.25
	220	0.5	1	0.1294	0.1314	0.1304	−0.1	0.25

5）误差一致性试验。

表 5.6　　　　　　　　　　　　误差一致性试验数据

项目	电压输出（V）	负载电流（A）	cosφ	误差 1	误差 2	平均值	修约值	允许误差
正向有功	220	5.0	1	−0.1328	−0.1318	−0.13230	−0.1	0.3
	220	5.0	0.5L	−0.0360	−0.0400	−0.03800	0.0	0.3
	220	0.5	1	−0.1244	−0.1370	−0.13070	−0.1	0.4

6）时钟准确度试验。

表 5.7　　　　　　　　　　　初始固有误差的测定试验数据

项目	负载电流	cosφ	误差 1	误差 2	误差 3	误差 4	误差 5	误差值	修约值
正向有功	0	1	−0.077	−0.077	−0.077	−0.077	−0.077	−0.077	−0.08

（3）影响量试验。

1）第 5 次谐波试验。

表 5.8　　　　　　　　　　　　　第 5 次谐波试验数据

项目	电压输出（V）	负载电流（A）	谐波	误差 1	误差 2	平均值	平均修约值	改变量	改变量绝对值	允许误差
正向有功	220	40.0	基准	−0.1305	−0.1325	−0.1315	−0.1	0	0	0.8
	220	40.0	5 次谐波	−0.1435	−0.1441	−0.1438	−0.1	−0.0123	0.02	0.8

2）方顶波波形试验。

表 5.9　　　　　　　　　　　　　方顶波波形试验数据

项目	电压输出（V）	负载电流（A）	谐波类型	误差 1	误差 2	平均值	平均修约值	改变量	改变量绝对值	允许误差
正向有功	220	5.0	基准	−0.1288	−0.1288	−0.1288	−0.1	0	0	0.6
	220	5.0	方顶波	−0.1318	−0.1328	−0.1323	−0.1	−0.0035	0.01	0.6

3）尖顶波波形试验。

表 5.10　　　　　　　　　　　　尖顶波波形试验数据

项目	电压输出（V）	负载电流（A）	谐波类型	误差 1	误差 2	平均值	平均修约值	改变量	改变量绝对值	允许误差
正向有功	220	5.0	基准	−0.1328	−0.1288	−0.1308	−0.1	0	0	0.6
	220	5.0	尖顶波	−0.1268	−0.1258	−0.1263	−0.1	0.0045	0.01	0.6

4）脉冲串触发波形试验。

表 5.11　　　　　　　　　　　　脉冲串触发波形试验数据

项目	电压输出（V）	负载电流（A）	谐波类型	误差 1	误差 2	平均值	平均修约值	改变量	改变量绝对值	允许误差
正向有功	220	5.0	基准	−0.1268	−0.1308	−0.1288	−0.1	0	0	1.5
	220	5.0	脉冲串触发	−0.066	−0.1578	−0.1119	−0.1	0.0169	0.02	1.5

5）直流和偶次谐波试验。

表 5.12　　　　　　　　　　　　直流和偶次谐波试验数据

项目	电压输出（V）	负载电流（A）	cosφ	谐波类型	误差 1	误差 2	平均值	平均修约值	改变量	改变量绝对值
正向有功	220	56.560	1	基准	−0.1256	−0.1275	−0.12655	−0.1	0	0

项目	电压输出（V）	负载电流（A）	cosφ	谐波类型	误差 1	误差 2	平均值	平均修约值	改变量	改变量绝对值
正向有功	220	56.560	0.5L	基准	−0.0291	−0.0364	−0.03275	0	0	0
	220	56.560	1	半波整流	3.8514	3.6075	3.72945	3.7	3.856	3.86

6）自热试验。

表 5.13 自热试验试验数据

项目	电压输出（V）	负载电流（A）	cosφ	起始误差 %	当前误差时间（s）	当前误差 %	当前改变量 %	当前改变量绝对值 %	最大改变量时间（s）	最大改变量%	最大改变量绝对值 %	允许误差
正向有功	220	80	1	−0.1345	5322	−0.2097	−0.0752	0.08	3235	0.08	0.1	0.5
	220	80	0.5L	—	—	—	—	—	—	—	—	0.5

5.4.2 三相电能表测试数据

（1）测试基本信息。

表 5.14 电能表测试基本信息

被检表名称	三相四线电子式多功能电能表	型号	DTSD188S	出厂编号	8012445
制造单位	宁波三星医疗电气股份有限公司	等级	有功 C 级；无功 2 级	接入方式	经互感器接入
电压	220V/0.02～0.1（10A）	相线	三相四线电能表	常数	6400imp/kWh； 6400imp/kvarh
技术依据	GB/T 17215	温度	24℃/65%RH	频率	50Hz
检定设备名称	基于 R46 的电能表检定装置	等级	0.05 级	出厂编号	3618446391

（2）计量性能试验。

1）初始固有误差的测定实验。

表 5.15　　　　　　　　　　　初始固有误差的测定试验数据

项目	电压输出（V）	负载电流（A）	cosφ	误差 1	误差 2	平均值	修约值	允许误差
正向有功合元	220	0.02	1	0.0229	0.0196	0.02125	0	1
	220	0.1	1	0.0218	0.0162	0.01900	0	0.5
	220	0.1	0.5L	0.0790	0.0837	0.08135	0.1	0.6
	220	0.1	0.8C	−0.0049	0.0051	0.00010	0	0.6
	220	1.0	1	0.0149	0.0146	0.01475	0	0.5
	220	1.0	0.5L	0.0277	0.0206	0.02415	0	0.6
	220	1.0	0.8C	0.0081	0.0107	0.0094	0	0.6
	220	10	1	0.0112	0.0116	0.0114	0	0.5
	220	10	0.5L	0.0398	0.0413	0.04055	0.05	0.6
	220	10	0.8C	0.0077	0	0.00385	0	0.6

2）重复性实验。

表 5.16　　　　　　　　　　重 复 性 试 验 数 据

项目	电压输出（V）	负载电流（A）	cosφ	误差 1	误差 2	误差 3	平均值	修约值	允许误差
正向有功合元	220	0.02	1	0.0414	0.0313	0.0387	0.03713	0.05	2.0
	220	0.1	1	0.0303	0.0294	0.0224	0.02737	0.05	0.1
	220	0.2	1	0.0198	0.0190	0.0230	0.02060	0.00	0.1
	220	0.2	0.5L	0.0739	0.0739	0.0803	0.07603	0.10	0.1
	220	0.2	0.8C	−0.0060	−0.0055	−0.0017	−0.00440	0.00	2.0
	220	2.0	1	0.0121	0.0132	0.0128	0.01270	0.00	0.1
	220	2.0	0.5L	0.0007	0.0036	0.0014	0.00190	0.00	0.1
	220	2.0	0.8C	0.0196	0.0175	0.0179	0.01833	0.00	2.0
	220	10	1	0.0119	0.0130	0.0119	0.01227	0.00	0.1
	220	10	0.5L	0.0427	0.0448	0.0441	0.04387	0.05	0.1
	220	10	0.8C	−0.0050	−0.0045	−0.0045	−0.00467	0.00	2.5

3）变差试验。

表 5.17　　　　　　　　　　变 差 试 验 数 据

项目	电压输出（V）	负载电流（A）	cosφ	误差 1	误差 2	平均值	修约值	允许误差
正向有功合元	220	1.0	1	0.0132	0.0135	/	/	0.1
	220	1.0	0.5L	0.0298	0.0321	/	/	0.1

4）负载电流升降变差试验。

表 5.18 负载电流升降变差试验数据

项目	电压输出（V）	负载电流（A）	$\cos\varphi$	误差 1	误差 2	平均值	修约值	允许误差
正向有功合元	220	0.1	1	0.0258	0.0156	0.02070	0.00	0.12
	220	1.0	1	0.0146	0.0142	0.01440	0.00	0.12
	220	10	1	0.0119	0.0137	0.01280	0.00	0.12
	220	10	1	0.0148	0.0134	0.01410	0.00	0.12
	220	1.0	1	0.0146	0.0160	0.01530	0.00	0.12
	220	0.1	1	0.0239	0.0224	0.02315	0.00	0.12

5）误差一致性试验。

表 5.19 误差一致性试验数据

项目	电压输出（V）	负载电流（A）	$\cos\varphi$	误差 1	误差 2	平均值	修约值	允许误差
正向有功合元	220	0.1	1	0.0164	0.0235	0.01995	0.00	0.2
	220	1.0	1	0.0146	0.0149	0.01475	0.00	0.15
	220	1.0	0.5L	0.0334	0.0313	0.03235	0.05	0.15

6）时钟准确度试验。

表 5.20 误差一致性试验数据

项目	负载电流	$\cos\varphi$	误差 1	误差 2	误差 3	误差 4	误差 5	误差值	修约值
正向有功合元	0	1	−0.180	−0.180	−0.180	−0.180	−0.180	−0.1802	−0.18

（3）影响量试验。

1）第 5 次谐波试验。

表 5.21 第 5 次谐波试验数据

项目	电压输出（V）	负载电流（A）	谐波类型	误差 1	误差 2	平均值	平均修约值	改变量	改变量绝对值	允许误差
正向有功合元	220	5.0	基准	−0.0224	−0.0231	−0.02275	0.00	0.00000	0.00	0.5
	220	5.0	5 次谐波	−0.0377	−0.0366	−0.03715	−0.05	−0.01440	0.02	0.5

2）方顶波试验。

表 5.22　　　　　　　　　　　　方 顶 波 试 验 数 据

项目	电压输出（V）	负载电流（A）	谐波类型	误差 1	误差 2	平均值	平均修约值	改变量	改变量绝对值	允许误差
正向有功合元	220	1.0	基准	−0.0164	−0.0178	−0.01710	0.00	0.00000	0.00	0.3
	220	1.0	方顶波	−0.0110	−0.0139	−0.01245	0.00	0.00465	0.01	0.3

3）尖顶波试验。

表 5.23　　　　　　　　　　　　尖 顶 波 试 验 数 据

项目	电压输出（V）	负载电流（A）	谐波类型	误差 1	误差 2	平均值	平均修约值	改变量	改变量绝对值	允许误差
正向有功合元	220	1.0	基准	−0.0164	−0.0135	−0.01495	0.00	0.00000	0.00	0.3
	220	1.0	尖顶波	−0.0028	−0.0025	−0.00265	0.00	0.01230	0.02	0.3

4）脉冲串触发波形试验。

表 5.24　　　　　　　　　　　脉冲串触发波形试验数据

项目	电压输出（V）	负载电流（A）	谐波类型	误差 1	误差 2	平均值	平均修约值	改变量	改变量绝对值	允许误差
正向有功合元	220	1.0	基准	0.0117	0.0128	0.01225	0.00	0.00000	0.00	0.75
	220	1.0	脉冲串触发	0.2424	−0.0007	0.12085	0.10	0.10860	0.11	0.75

5）自热试验。

表 5.25　　　　　　　　　　　　自 热 试 验 数 据

项目	电压输出（V）	负载电流（A）	cosφ	起始误差%	当前误差时间（s）	当前误差%	当前改变量%	当前改变量绝对值%	最大改变量时间（s）	最大改变量%	最大改变量绝对值%	允许误差
正向有功合元	220	10	1	0.0005	4181	0.0470	0.0465	0.05	4151	0.05	0.05	0.2
	220	10	0.5L	0.0820	3948	0.0958	0.0138	0.02	3104	0.02	0.02	0.2

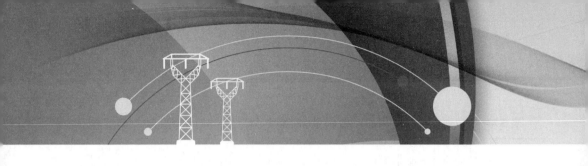

第6章 展　　望

本章首先根据 R46 标准，介绍了 R46 智能电能表的研发思路，给出了 R46 智能电能表的设计方案和结构框图。然后将 R46 智能电能表与现有智能电能表进行比较，指出推广新一代 R46 智能表的可行性和必要性。最后介绍了电能计量装置现状，并阐述其发展方向，给出了促进电能计量系统朝着数字化、标准化以及现代化趋势发展的展望，以供借鉴和学习。

6.1　R46 智能电能表

目前，中国智能电能表的检测是按照国家电网公司的行业标准进行的。《R46 电能表国际建议》是国际法定计量组织（OIML）委员会起草的新技术文件。它的作用是为新电能表的设计和生产以及型式认可提出建议，并且是国际法定计量的重要组成部分。国家电工仪器标准化委员会发布通知，成立了"基于 R46 的国家标准体系和修订专门研究工作组" R46 标准测试项目包括 33360 个最大允许错误符合性测试（5 个项目），冲击量测试（16 个项目），干扰测试（6 个项目）和组合错误评估（2 个表格）[70]。

根据对 R46 标准的准确理解以及对国外的高级电能表的参照研究，R46 标准与现代电能表设计原则的最大区别就是，我国现有的电子式电能表都是采用一体化的设计原则。如果发生了硬件、软件问题或者要求对电能表进行升级，就仅有更换整个电能表的方法才能确保电力计量方面的工作可以顺利开展。但是 R46 标准里面明确规定了计量这一部分的独立特性和其他剩余功能的扩展特性，规定电能表其他部分不会影响计量部分正常工作。同时电能表功能比以往更丰富，不仅可以实现之前的电能计量功能，而且还能够测量电压、电流，以及分析电能质量和检测入侵等。因为客户的体验观念日渐深入，对电能表多样性功能的需求日益增长。所以努力推进 R46，同时研制适应 R46 标准体系的产品，势在必行。

6.1.1　R46 单相智能电能表

R46 单相智能电能表采用高端电能表的设计原理，不仅满足 R46 标准，而且还满足智能电网发展趋势的需求。

R46 与标准中现有电能表的最大区别在于：现有智能电能表主要使用"单个 MCU+专用电能表芯片"方法，而 R46 标准则使用两个"MCU"的概念。其中一个 MCU 负责智能电能表的计量、时钟和脉冲功能，称为计量芯片，简称计量芯。另一个 MCU 负责电能表的显示、事件管理、通信和其他功能，称为管理芯片，简称管理芯。采用两个芯片的设计思想不仅有利于增强非计量部分的功能，而且不会干扰计量部分。R46 单相智能电能表结构图如图 6.1 所示。

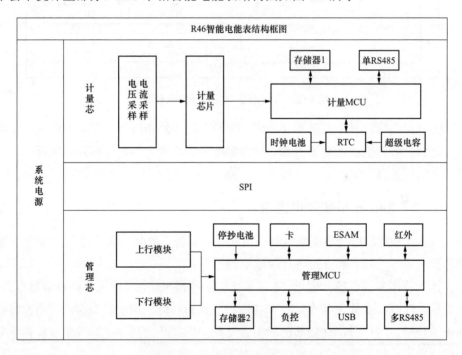

图 6.1　R46 智能电能表结构框图

计量芯功能要求未来长期保持不变，没有远程升级程序的需求，故计量芯功能应简单可靠。随着管理芯功能对用电市场开放，存在多样化管理需求，这就需要通过远程升级程序的方式进行管理芯功能升级。管理芯涉及收费的功能，可通过计量芯基础冻结电能进行校核 [71, 72]。因此，计量芯和管理芯的功能划分如图 6.2 所示。

计量芯主要担任电能计量工作，含有数据存储、全失压等功能。与此同时，还有独立通信接口，用于法制数据的溯源。而管理芯担任整表的管理职责，用于费控显示、对外通信等，而且还能够实现在线升级，保障该软件的升级不影响计量芯软件[71]。

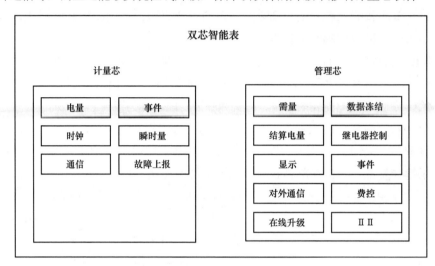

图 6.2　R46 智能电能表功能划分图

时钟在电能计量上有着重要地位，为确保时钟的精确性，双芯智能表使用硬时钟，而且时钟电源拥有主电源、时钟电池、超级电容等多个保障，保证时钟可以正常运行[71]。

6.1.2　R46 三相智能电能表

R46 三相智能电能表既满足智能电网要求又符合 R46 标准，实现计量芯和管理芯独立运行，兼容和支持各种通信资源[70]。

计量芯作为基表独立运行，主要担任电能计量工作，与此同时还有数据存储、全失压等性能。而且含有独立的 RS485 信息接口，能够用于数据溯源，不允许软件在线升级。运行时，计量芯电源不会受到干扰，其他功能模块发生故障都不会干扰计量芯正常工作[72]。

管理芯担任整表的管理职责，大多包含费控显示、控制负荷、记录事件、上行通信、下行抄表、远程升级等[71]。

两个功能模块之间仅有一个通信通道可以用于交换数据。任何一个通信模块发生了故障，都不会对其他模块造成干扰。

计量芯和管理芯功能划分的原则：

（1）计量芯功能需要很长一段时间内不发生变化，不需要远程升级程序；

（2）管理芯的功能伴随用电市场开放，存在多样化管理需求，可以通过远程升级程序的方式进行管理芯功能升级；

（3）管理芯涉及收费的功能，可通过计量芯基础冻结电能进行校核；

（4）计量芯功能简单可靠[70-72]。

由于管理芯的功能较多，并且需要增加功能以及升级。管理芯片的设计原则可以根据软件架构进行分层，应用层功能根据不同模块设置不同的软件设计方法，以此来满足产品的市场应用。总而言之，双芯智能表在软件设计方面要遵循一定的原则，即：

（1）可靠性。双芯智能表需要保障产品的可靠性，那么需要使用可靠的以及成熟的软件技术。

（2）标准性和规范性。需要遵循国家及电力行业现行标准，实现系统设计规范化、软件编制规范化、硬件选型规范化等。

（3）可维护性和扩展性。要使双芯智能表具有可维护性，需要合理的结构，清楚明确的软件架构。模块化使得故障率降低，而且更加方便定位故障，使得故障容易处理。其次，管理芯也需要具有可扩展性质，以满足电力公司的新需求，跟上时代发展的步伐[72]。

管理芯软件系统架构由系统软件、平台层软件、业务模块三部分组成。图 6.3 给出了管理芯软件系统架构图。

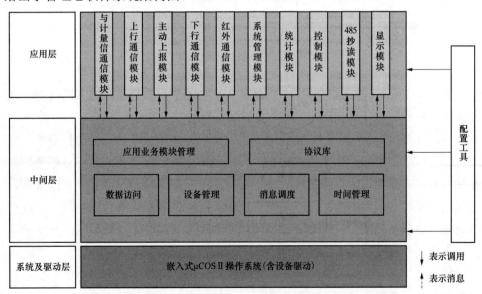

图 6.3　软件系统架构图

系统层由嵌入式操作系统以及硬件驱动两部分构成。中间层包含数据访问、设备管理等。应用层根据不同的任务，定制不同的模块。如上行通信、主动上报模块、485 抄读模块等。

6.1.3 新旧智能电能表的比较

目前正普遍推广使用的 13 版智能电能表只含有单块控制芯片，内部结构没有对计量单元与管理单元进行区分，在通信方面也较为单一，并不能满足当前社会的发展需求[70]。其结构框图如图 6.4 所示。

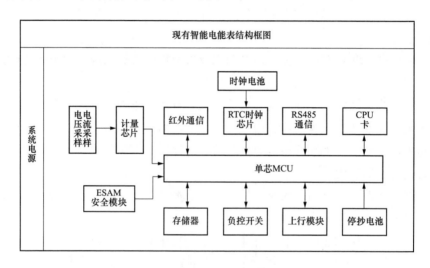

图 6.4 现有智能电能表结构框图

通过对 R46 智能电能表和 13 版智能电能表的比较，总结了两者的区别，主要体现在外观结构、计量部分、管理部分和通信协议上。

（1）外观结构部分。R46 智能电能表时钟电池是模块化的，并支持更换。它不再仅支持单个模块，而且将模块化端口扩展并支持上行链路和下行链路通信。在显示方面，R46 智能电能表将原来的段码 LCD 屏幕替换为点矩阵 LCD 屏幕，使其更具灵活性和可变性，显示功能将从原来的轮盘显示 19 项，键显示 97 项更改为轮盘显示 9 项，以及键选择 27 项。其徽标更加简洁明了。警报输出从信号端子输出更改为计量核心 RS485 输出。

（2）计量部分。R46 智能电能表将对法律系统进行身份验证，电费和数据存储将更改为灵活的电价和可追溯的数据。原始仪表的计量部分不是独立的，并且容易受到外部干扰。两芯电能表的计量部分属于测量核心，通信和计费等属于管理核心，两者独立运行，通过 SPI 交换数据。

（3）管理部分。R46 智能电能表支持远程和本地在线升级。合法核心已通过软件认证，并且不允许升级。操作系统将从原来的单任务调度模式更改为更有效的任务切换调度模式，提高实时性能，支持实时异常诊断，支持 USB 高速数据导出，并扩展 TCP/IP 协议。

（4）通信部分。原始的采集系统使用面向过程的 DL/T 645 协议，将来会更改为面向对象的 DL/T 698 协议。在支持模块化设计之后，R46 智能电能表将从原来的单线通信变为支持上行链路和下行链路通信，支持 M-BUS 接口，支持无线连接 IHD，并且可以执行简单的数据交互并支持四表复制。原始智能电能表模块与表之间的接口速率为 2400 bps，R46 智能电能表模块与管理核心之间的通信接口速率将提高到 115200bps[70]。

（5）R46 标准和 IEC 标准差异。现有智能表是基于 IEC 标准制造的，IEC 标准从制造生产角度出发制定。R46 标准则考虑消费者利益和法律法规，避免受制于现有发展能力，其代表着未来电能表的发展趋势。

6.2　电能计量的现状

通过研究发现，我国在 20 世纪 90 年代初开始研究自动抄表技术，之后我国各个供电企业都构建了无线电力负荷控制系统。在 2004 年，现场用电管理终端实现实际应用，各电网企业使用现场用电终端来进行抄表和生产结合后的产品，并在市场中推广使用。在自动抄表技术发展过程中，其发展最快阶段为 2006～2007 年，在这一阶段内，我国大多数电力企业都使用了电能自动抄表技术，加速了我国使用自动抄表技术的发展进程。我国借鉴了很多种电能计量技术，如：无线自动抄表技术、电话抄表技术、GPRS 自动抄表技术、无线自动抄表技术等，在此之中 GPRS 自动抄表、低压电力载波抄表的使用最为广泛。除此之外，我国抄表技术的发展还有光纤自动抄表、低压宽带自动抄表等方法，其发展前景十分广阔[73]。

随着科学技术的飞速发展，中国在智能电网项目开发方面取得了令人满意的成果。在智能电网的发展中，高级测量系统已被专业人员认为是构建智能电网的重要一环，并且被认为是发展电网的前提条件。此外，先进的测量系统在系统运行以及减少负载响应和能耗方面具有许多优势。这也是中国电力工业能够快速发展的重要原因。其中，先进的测量系统具有两个主要优点。一是在收集能源信息时，可以将其与分时电价相结合来计算成本；另一个是它可以与用户信息结合起来，以指导用户节省能源。为了促进智能电网的发展，有必要在各个方面建立全面的、先进的测量系统。该系统可以为智能电网的发展提供基础，如下：

（1）在电网运营中，可以带动用户的参与；

（2）可以随时监视用户的分布式储能设备和电源；

（3）拉近网格与用户之间的距离，用户可以根据价格数据调整负荷；

（4）在智能电网中，可以添加检测电能质量的设备和补偿设备，以利于电能质量的实时检测和分析；

（5）促进将分布式运行模式集成到网格中运行，这可以减少影响网格系统的客观因素。

（6）参考发生的故障，可以快速定位，确定故障点，并及时停电处理，易于自动恢复电网[73]。

6.3 电能计量的发展及建议

21 世纪是信息网络化高新科技成果被广泛使用和电力企业持续发展的时代。其中现代电能计量发展的趋势必然是网络化、标准化、数字化、智能化和系统化。

（1）标准化。

标准化的发展趋势是指电能计量系统与电能计量装置的标准化。在标准化下，调整相关条件，如电能计量系统的开放性、兼容性，只有实现电能计量系统、电能计量装置的标准化，才能最大限度地利用配置效果。并且在规定合理、科学标准后，可以大大提高电能计量系统维护和运营的水平。

（2）网络化。

可以在电能计量系统和供电企业两者中创造好的网络平台，有利于相互传递、交流信息，这一发展趋势叫作网络化发展趋势。网络化需要搭建信息沟通平台，结合平台业务，从而实现资源有效共享。所以，网络化平台的建设有助于提高管理实时性、高效性。

（3）智能化。

智能化发展趋势是指在准确电能计量的基础上融入智能便捷的操作。在中国经济飞速发展中，住宅用电呈现出了一步，分时功能对提高未来的管理用电水平提出了新的要求。

但是，智能化电能计量可以有效解决这一问题。它可以结合信息的存储和收集情况，及时将电价信息和用户用电信息反馈给总部。在电能计量系统的智能开发中，智能化电能计量可以通过结合用户反应的功耗来实现节能。同时，在电能计量系统的开发中，要智能化发展电能计量，有必要在中国推广使用智能电能表，对 AMI 系统进行试点测试，并开放各种智能电能表服务推进智能电能表建设。

（4）数字化。

数字化发展趋势是指数字系统中的光纤通信、整个变电站技术和电能计量技术的发展。数字化趋势有利于电能计量技术的研究。例如，可以通过使用电子变压器来减少对电能计量的影响，从而提高电能计量技术的稳定性和可靠性，并促进电能计量技术在实际应用中取得良好的效果。

（5）系统化。

系统化是指将自动抄表系统和电能计量设备连接起来以形成电能计量系统。能量计量装置的操作是系统的，可以不断改善服务质量和工作条件，从而进一步提高经济效益和工作效率。

总而言之，目前电能计量系统技术已经朝着网络化、数字化以及智能化方向发展，供电用户的管理呈现出简单化、便捷化的特点。根据目前电能计量技术发展情况，分析了电能计量技术的发展趋势。从上文分析可以看出，电能计量系统技术必然会给我们日常生活与工作带来巨大的推动作用[73]。

6.3.1 R46 智能电能表的展望

R46 智能电能表的未来展望主要体现在以下三个方面：

（1）将实现简单的结构部件，底壳尺寸基本保持不变，高度得到了适当修改，从而使上一代智能电能表的更换可以与原装表壳兼容。在模块方面，它将不再仅支持单个模块，而是同时打开多个端口，并支持多模块热插拔功能；

（2）将实现可靠的测量核心，将追求更高的精度，充分体现公平正义的原则，同时，它将具有更广泛的范围，可以应对各种条件，分开进行测量和管理，并增强安全性测量部分的稳定性。内置软件应能够获得统一认证，以进一步降低故障率；

（3）将实现强大的管理核心，补充电能表的现有功能，使其覆盖更广阔的区域，并为以后的扩展留出空间，并支持对管理模块软件进行在线升级。在通信问题方面，将现有的面向过程的协议更改为面向对象的协议。

在未来的发展中，水、电、气、热实现四表集抄，R46 智能电能表将会成为重要的数据中转站，实现上下行通信。同时 R46 智能电能表弥补了第一代智能表的一些缺陷，能适应未来计量、通信、柔性电价的要求。R46 智能电能表有着非常广阔的应用前景。

参 考 文 献

[1] 张锦萍. 浅析电压相序对三相三线电能表计量的影响 [J]. 四川水力发电, 2011 (3)：159-160.

[2] 刘细珍. 浅谈电能计量标准化管理 [J]. 技术与市场, 2011 (02)：58-59.

[3] 马铁军. 探析实施精细化管理与电力计量标准化 [J]. 经营管理者, 2016 (12)：79.

[4] 施赛超, 彭磊, 程璐. 我国电能计量技术的现状及其展望 [J]. 科学技术创新. 2019 (05)：44-45.

[5] 仝晨华, 李向荣, 冯勇军. 电能计量设备发展应用分析 [J]. 内蒙古电力技术, 2006 (1)：66-68.

[6] 刘宏硕. 电力计量标准化管理探讨 [J]. 科技信息, 2009 (007)：689-708.

[7] 孔庆红. 电力计量标准化管理探讨 [J]. 胜利油田职工大学学报, 2009 (5)：69-70.

[8] 李云星. 浅谈电力计量标准化管理 [J]. 中国新技术新产品, 2009 (20)：142.

[9] 洪成伟, 赵宇. 电能计量装置的测量误差分析 [J]. 科学技术创新, 2016 (32)：30.

[10] 吴新宁, 王庆. 电能计量系统二次回路和出线电能计费表屏改造浅析 [J]. 机电信息, 2012 (15)：12-13.

[11] 李飞. 关口计量装置综合误差分析与改进 [J]. 四川电力技术, 2008, 31 (S1)：70-71.

[12] 张海峰, 沈媛萍, 张金霞等. 基于 Proteus 的数字电能计量装置设计 [J]. 青海大学学报：自然科学版, 2009 (2)：1-5.

[13] 叶长榄. 现代化电能管理系统 [J]. 机电技术, 2008 (2)：73-76.

[14] 赵学松. 电能计量装置安装要点分析 [J]. 建材与装饰, 2019 (08)：245-246.

[15] 孙海林. 例谈电工实验室电气设备故障排除方法 [J]. 电子制作, 2013 (16)：206.

[16] 李敦, 褚玉杰, 彭佳. 变电站一次设备安全运行及故障分析 [J]. 通讯世界, 2014 (8)：120-121.

[17] 赵艳华, 张伟, 严松等. 基于 LabVIEW 的互感器测试数据管理系统设计 [J]. 工业控制计算机, 2014, 27 (7)：70.

[18] 禹晓红. 高压开关柜中电力互感器的选择及使用 [J]. 科技资讯, 2011 (036)：112.

[19] 李来伟, 李书全, 孙晓莉. 面向 21 世纪的电能计量装置——浅谈电能计量装置的发展与未来 [J]. 电力设备, 2004 (04)：1-4.

[20] 黎敏. 电能计量装置的发展与未来 [J]. 工业计量, 2010 (S2)：46-48.

[21] 谭绍琼. 浅谈电能计量装置的发展 [J]. 机械管理开发, 2007 (5)：4-5.

[22] 赵小平. 降低电能计量装置综合误差的措施 [J]. 宁夏电力 2008（06）：51-54，61.

[23] 李小雷，陶三根. 电能计量装置综合误差及其控制措施分析 [J]. 中国电业，2011（6）：74-76.

[24] 刘少彬. 电能计量装置误差的技术分析 [J]. 广东科技，2009（018）：209-210.

[25] 周云鹏. 浅谈降低电能计量装置综合误差 [J]. 黑龙江科技信息，2008（03）：48.

[26] 章晋福，邹琴. 浅谈降低电能计量装置综合误差 [J]. 江西电力职业技术学院学报，2008（2）：51-52.

[27] 王金. 电能计量装置综合误差分析及降低措施 [J]. 内蒙古科技与经济，2006（24）：139-140.

[28] 黄冰. 浅谈降低电能计量装置综合误差 [J]. 农村电气化，2002（1）：39-40.

[29] 高勇华. 如何进行电量的准确计量 [J]. 中小企业管理与科技，2009（10）：244.

[30] 郑波，朱晓靖. 浅析电能计量装置误差的综合管理 [J]. 浙江电力，2005（6）：58-60.

[31] 蔡春球，李鸣. 关于电能计量误差的管理分析 [J]. 黑龙江科技信息，2007（10）：27.

[32] 王爽. 电能计量误差的管理分析 [J]. 黑龙江科技信息，2007（21）：61.

[33] 许新兰. 电能计量装置准确性及其改进方法研究 [J]. 安徽科技学院学报，2007（6）：48-50.

[34] 黄玉春. 电力谐波对电能计量影响的分析与探讨 [J]. 电力系统保护与控制，2009，37（10）：123-124.

[35] 苏婉屏. 电能计量装置误差产生的原因及降低误差的方法 [J]. 电子世界，2014（4）：100-101.

[36] 赵宏伟，许传才. 浅谈降低电能计量的综合误差 [J]. 工业计量，2010（S2）：146-147.

[37] 玄素青. 电能计量误差的研究与分析 [J]. 科技信息，2010（33）：833-839.

[38] 孙伟军. 浅谈电能计量误差的管理分析 [J]. 中国科技投资，2012（21）：138.

[39] 卢瑛. 基于 MSP430 电能表的设计研究与应用 [D]. 浙江大学，2010.

[40] 甘建平. 基于 CS5463 的多功能电子式电能表的研究与设计 [D]. 湖南大学，2007.

[41] 刘占来. 基于 ARM 的故障监测诊断系统设计（前端采集和通信系统）[D]. 北京交通大学，2011.

[42] 项毅. 高耗能企业的电能计量与节能途径研究 [D]. 浙江工业大学，2009.

[43] 康念标. 供电系统电能计量方法及对节能降耗的作用 [J]. 中国城市经济，2011（20）：262-263.

[44] 李建良. 电网实时监控系统中电参量计算方法的研究 [D]. 天津大学，2004.

[45] 张晋宁. 高速高精度 A／D 变换器的工程设计 [J]. 现代雷达，1996（05）：74-80.

[46] 张志强. 飞机黑匣子舱音信号的特征提取与分析研究 [D]. 青岛理工大学，2010.

[47] 赵伟. 数字信号预处理在设备故障诊断中的应用 [J]. 本钢技术，1995（06）：47-51.

[48] 丁兵. 耳声发射检测系统研究 [D]. 大连理工大学, 2000.

[49] 于光远. 巷道岩爆声发射主频多元信息特征实验研究 [D]. 华北理工大学, 2016.

[50] 冯力鸿. 谐波对电能表计量误差影响的分析 [D]. 华北电力大学（北京）, 2008.

[51] 唐涛涛. 电能表的误差发生分析与解决办法 [J]. 现代测量与实验室管理, 2011, 19（03）：13-15+29.

[52] 马晓光. 电子式电能表的误差及其调整方法 [J]. 电气时代, 2004（03）：124-125.

[53] 刘阳力. 单相电子式防窃电电能表设计 [D]. 湖南大学, 2008.

[54] 袁先富. 现代工业企业计量管理系列讲座 第十讲 我国计量法规体系 [J]. 工业计量, 2010, 20（02）：61-63.

[55] 陈文礼, 候兴哲, 高航等. 基于 IR46 的单相智能电能表环境适应性考核平台组合因素影响试验研究 [C]. 2017 智能电网发展研讨会. 2017.

[56] 黄瑞. 基于 DL/T 698 电能表的设计与实现 [D]. 湖南大学, 2018.

[57] 王吉, 肖勇, 张乐平等. 温度影响条件下的关口电能表误差研究 [J]. 电测与仪表, 2018, 55（13）：98-101+31.

[58] 杨磊. 谐波与电压波动对电能计量的影响研究 [D]. 东南大学, 2017.

[59] 赖思敏. 电压波动与闪变对电能计量的影响 [J]. 电力学报, 2011, 26（02）：131-133.

[60] 王惠民. 智能电能表电磁兼容测试及抑制技术的研究 [D]. 济南大学, 2014.

[61] 温丽丽. 智能电能表动态误差的确定激励测试方法研究 [D]. 北京化工大学, 2015.

[62] 王学伟, 温丽丽, 袁瑞铭等. 智能电能表动态误差确定型测试激励信号的讨论 [J]. 电测与仪表, 2014, 51（04）：1-7.

[63] 陆祖良, 王磊, 李敏. 对电能表动态测量功能评价的讨论 [J]. 电测与仪表, 2010, 47（04）：1-4.

[64] 孟金岭. 企业配电网电能准确计量及管理节能技术研究 [D]. 湖南大学, 2012.

[65] 张晓冰. 畸变信号条件下电网功率潮流分析与电能计量新方法研究 [D]. 哈尔滨理工大学, 2007.

[66] 向晖. 基于功率潮流分析的电能计量新方法的研究 [J]. 电测与仪表, 2007（12）：1-6.

[67] 张晓冰, 陈静, 林海军等. 宽频带高过载电能表的研究 [J]. 牡丹江大学学报, 2011, 20（02）：119-121.

[68] 曾争, 陈红芳, 黄友朋等. 基于正态分布优化的计量准确性方案研究 [J]. 电测与仪表, 2019, 56（15）：127-131.

[69] 徐博, 熊庆国, 原辉等. CO 气体激光检测仪中基于 FPGA 的信号源设计 [J]. 工业安全与环保, 2012, 38（2）：67-69.

［70］刘明杰，周林，苗长胜等．新一代智能电能表的发展探讨［J］．电测与仪表，2017（18）：94-100．

［71］陈淘，薛振永，贾海青等．IR46 标准下智能电能表研究初探［J］．信息系统工程，2018，297（09）：164-166+168．

［72］冯海舟，林向阳，戚凯等．基于 IR46 理念的智能电能表管理芯软件架构设计［J］．信息系统工程，2018，295（7）：137-140．

［73］付卿卿，余飞娅．电能计量系统技术发展及建议［J］．科技风，2018，364（32）：91．